农村环境政策及规划研究

（2022）

贾小梅　崔艳智　等 编著

中国环境出版集团・北京

图书在版编目（CIP）数据

农村环境政策及规划研究. 2022/贾小梅等编著. —北京：中国环境出版集团，2022.10
ISBN 978-7-5111-5278-7

Ⅰ. ①农… Ⅱ. ①贾… Ⅲ. ①农业环境—环境政策—研究—中国②农业环境—环境规划—研究—中国 Ⅳ. ①X-012②X322.2

中国版本图书馆 CIP 数据核字（2022）第 158128 号

出 版 人　武德凯
责任编辑　董蓓蓓
封面设计　彭　杉

出版发行　中国环境出版集团
（100062　北京市东城区广渠门内大街 16 号）
网　　址：http://www.cesp.com.cn
电子邮箱：bjgl@cesp.com.cn
联系电话：010-67112765（编辑管理部）
发行热线：010-67125803，010-67113405（传真）

印　　刷　北京建宏印刷有限公司
经　　销　各地新华书店
版　　次　2022 年 10 月第 1 版
印　　次　2022 年 10 月第 1 次印刷
开　　本　787×1092　1/16
印　　张　10.5
字　　数　210 千字
定　　价　48.00 元

前 言

党中央、国务院高度重视农村生态环境保护工作。习近平总书记强调，要持续开展农村人居环境整治行动，打造美丽乡村，为老百姓留住鸟语花香田园风光。党的十九大明确要求全面加强生态环境保护，打好污染防治攻坚战，开展农村人居环境整治行动，加快补齐农村生活污水治理等突出短板。生态环境部环境发展中心（中日友好环境保护中心，以下简称发展中心）是生态环境部直属事业单位，长期作为主要技术支撑单位，围绕生态文明建设和生态环境保护新要求，持续开展农村生态环境治理技术体系研究、生态环境大数据应用研究及技术服务、对日环境合作交流与项目管理等。“十三五”期间重点就中日两国农村生态环境保护管理开展比较研究、针对我国十多年农村生活污水治理宏观政策及微观管理评价、畜禽养殖污染防治管理及监管问题、农业面源污染及农业农村环境监管等开展了系列研究，研究成果主要为农村生态环境管理决策和“十四五”农业农村生态环境保护工作顶层设计提供参考。

为持续加强对生态环境管理部门农业农村环境管理决策的技术支持，和更多的环境管理人员、环境科技工作者分享这些研究成果，发展中心对近年来的专题研究成果进行了分类整理，编制成《农村环境政策及规划研究（2022）》，书稿主要收录了“十三五”期间发展中心相关研究成果。感谢在开展各专题研究过程中给予发展中心研究团队支持的相关单位和个人，同时也热忱欢迎大家发表不同的意见建议，共同探索新时期习近平生态文明思想指导下的我国农村生态环境保护工作，为“十四五”有力推动乡村生态振兴贡献一份力量。

编写组

2022 年 4 月

目　录

第一篇　“十四五”规划研究

第二篇　农村生活污水治理

第三篇　农业面源污染防治

第四篇　农业农村环境监管

第一篇　“十四五”规划研究

高质量推进“十四五”农村环境整治工作的对策建议

（贾小梅 崔艳智 刘海东 董旭辉）

【摘要】“十三五”时期以来，国家出台一系列政策措施推动乡村振兴，生态环境部、财政部深入实施“以奖促治”政策。各地对农村环境整治工作的重视程度明显提高，对农村环境整治的投入力度不断加大，非财政资金占比不断提高。农村环境整治制度体系建设加速发力，国家研究制定一系列指导意见、实施方案、入库指南等规范性文件，部分省份制度体系建设基本完善。农村突出环境问题的解决取得很大进展，超额完成“十三五”期间“新增完成13万个建制村农村环境整治”目标任务。但统计分析显示，目前全国农村环境整治仍存在工作进展和深度不平衡、长效机制未建立、整治技术待优化、监管能力较薄弱等问题。

因此，“十四五”期间，在深入打好污染防治攻坚战，巩固提升持续推进农村环境整治的基础上，需高度重视，做好以下四项工作：一是聚焦治理重点，调整政策引导，带动地方切实提升农村环境整治成效；二是借势借力，拓宽投融资渠道，为整治长效运行保驾护航；三是优化治理技术，深入开展技术指导帮扶，推动农业农村绿色发展；四是创新方式方法，强化设施运行日常监管，推动农村生态环境保护监管能力现代化。

近期，发展中心对全国历年及“十三五”期间农村环境整治相关数据进行聚类分析，并组织人员赴部分地区进行农村环境整治成效调研，重点了解农村环境整治的情况、实际经验、问题及意见建议，形成本报告，以期为“十四五”期间高质量开展农村环境整治工作提供参考。

一、农村环境整治总体工作进展

（一）各地对农村环境整治工作的重视程度明显提高

地方对农村环境整治的投入力度不断加大，非财政资金占比不断提高。统计分析数据显示："十一五""十二五""十三五"期间全国农村环境整治分别投入 77 亿元、548 亿元、1 283 亿元，其中地方资金（地方财政配套资金和村镇自筹资金）占比分别为 47.7%、50.0%、79.9%。横向对比"十一五""十二五""十三五"期间地方资金投入，其占比持续升高，从"十一五"期间占比不到 1/2，到"十三五"期间占比超过 3/4；纵向对比"十一五""十二五""十三五"期间非财政资金投入，"十一五""十二五""十三五"期间资金量分别为 8.2 亿元、42.6 亿元、330.1 亿元，占比分别为 10.7%、7.8%、26.4%。可以看出随着农村环境整治工作的推进，地方配套资金大幅提高，社会资金逐渐流入，各地对农村环境整治工作的资金投入力度明显提升。

（二）农村环境整治制度体系建设加速完善

针对农村生活污水治理等薄弱领域和环节，国家陆续制定出台《农村生活污水治理设施水污染物排放控制规范编制工作指南（试行）》《县域农村生活污水治理专项规划编制指南（试行）》《农村黑臭水体治理工作指南（试行）》等一系列政策标准、规范指南及技术手册，着重从标准制定、规划编制、技术支撑等方面推进工作，初步建立农村生活污水治理制度体系，推动生态环境系统农村生活污水治理实现了从无到有、从零乱到系统的转变。在省级层面，各省份均制（修）订了地方排放标准，29 个省份编制完成县域专项规划，推进县域农村生活污水治理，截至 2020 年年底，省级层面针对农村生活污水治理的政策、标准规范等累计近 200 个，其中浙江相关管理制度建设较完善，江苏、福建、湖北等地也制定了大量指导性文件。

（三）农村突出环境问题的解决取得显著进步

统计数据分析表明，截至 2020 年年底，全国各省份农村生活垃圾收运处置体系已覆盖 90%以上的行政村，其中东部地区基本实现全覆盖。全国 2.4 万个非正规垃圾堆放点 99%以上已完成整治。全国农村生活污水治理率达到 25.5%，其中东、中、西部地区农村生活污水治理率分别达到 36.3%、19.3%、16.8%。畜禽规模化养殖比例不断提高，国家印发《关于促进畜禽粪污还田利用依法加强养殖污染治理的指导意见》，指导各地加快推进畜禽粪污资源化利用，畜禽养殖污染防治水平持续提高。全国 10 638 个"千吨万人"及以上农村饮用水水源地全部完成保护区划定工作，并实现水源地水质监测全覆盖，农村饮水安全保障水平不断提升。

二、农村环境整治亟待解决的问题

（一）工作进展和深度不平衡问题较为突出

从整治工作推进情况看，农村生活垃圾收运体系建设推进较快，各省（区、市）农村生活垃圾收运处置体系覆盖 90%以上的行政村，但农村生活污水治理总体相对滞后，截至“十三五”末，全国农村生活污水治理率仅为 25.5%；各地规模以下畜禽养殖污染防治配套设施则主要集中在湖南、四川、云南等 9 省（市），建成设施占全国新建设施总数的 90%以上；农村饮用水水源地保护与监测重点仅为“千吨万人”饮用水水源地，“千吨万人”以外的农村饮用水水源地整治存在盲区。

从整治效果看，区域间治理水平差距较大，截至“十三五”末，全国农村生活污水治理率平均水平为 25.5%，其中，中部、西部地区平均治理率分别为 19.3%、16.8%，治理率最高的浙江为 84.8%，最低的西藏仅为 4.5%；农村黑臭水体等突出水生态环境问题依然存在，累计纳入国家黑臭水体监管平台的水体数量达 8 000 多个，黑臭水体仅完成排查，治理任务还很艰巨；虽然“十三五”期间畜禽养殖规模化发展趋势明显，但规模以下畜禽养殖污染问题未得到根本解决，调研发现仍有村庄存在粪污直排现象。

（二）农村环境整治长效机制尚未建立

在资金保障方面，农村环境整治融资渠道一直未有效解决。现有治理设施建设、运行维护费用基本由各级政府承担，缺少社会资本参与，全国已建成的农村生活污水治理设施，仅有 20%委托第三方机构运维，通过农户缴费进行运维的农村生活垃圾治理村庄仅占 14.7%。这大大增加了政府财政负担，特别是经济欠发达地区资金缺口较大，已支持的行政村平均补助资金不足 20 万元，财政的可持续投入面临较大压力。从调研地方反馈来看，几乎所有地区都存在管网建设与运维资金的压力。

在污染治理设施运行方面，大部分建成设施均或多或少存在运维难的问题。现场实际调研结果与各地自评结果存在一定出入，由于缺乏运行管护资金、技术模式选取不合理、施工质量参差不齐等原因，已建成的污水治理设施中部分设施运行效果较差，正常运行水平亟待提升。即使在东部地区，这种问题也仍然存在。如广东清远市，农村生活污水治理覆盖率高达 75%，其中 90%采用人工湿地处理工艺，但是县和乡镇一级政府运维经费仍然很难有效保障，加之近年来农村空心化严重，治理设施运行难以保障，设施非正常运行问题突出。

（三）农村环境整治技术有待优化

在治理方式上，一些地区未充分考虑污水处理排放去向，或照搬城市污水处理技术与标准，存在治理技术选择不合理、排放要求偏高、设计规模较大等问题，增加了生活污水治理设施建设和运行成本。如河南部分地区配套建设小型污水处理站，但污水收集系统建设难落实，且建设规模偏大，设施处于闲置状态；广西柳州部分县区集中建设了一批农村生活污水治理设施，但乡镇及村寨对建设污水处理站开展污水治理的方式不认可。

在资源化利用方面，绿色低碳发展理念在农村地区未得到普及与推广，农村生活垃圾分类减量和污水资源化利用相对滞后。全国开展农村生活垃圾治理的村庄中，仅有18.9%的村庄进行了垃圾分类；新建污水治理设施采取生态处理工艺的仅占33%，污水及治理设施尾水资源化利用引导不足。如山东省因农村生活污水资源化利用判定难、监管难，在推进农村生活污水治理巩固提升工作中取消污水就近就地资源化利用验收条款，使得基层误认为必须建管网、上设施才算污水治理，不利于有条件有需求的地区开展污水资源化利用。

（四）农村环境整治监管能力仍然薄弱

在设施监管方面，目前仅对部分规模以上畜禽养殖污染治理设施出水水质、“千吨万人”饮用水水源地水质及日处理能力 20 t 及以上农村生活污水治理设施出水水质进行了监测，但调研发现监测并未形成常态化，总体上看因监测对象较分散、实际工作量较大，基层以抽测为主，污水治理设施台账管理不规范甚至没有，基层专业化人才队伍建设仍旧薄弱。

在监管职责划分方面，农村环境整治涉及部门较多，在统筹推进、信息共享、考核督导等方面尚未形成分工协作、齐抓共管的工作局面。调研发现，农村环境整治工作涉及住建、城管、水利、农业农村等部门，且污水治理设施的历史遗留问题短期内难以有效解决，生态环境部门与相关部门在建设、运维、监管等方面职责边界不清晰；同时生态环境部门自身也需要推动包括农村生活污水垃圾治理等在内的生态环境基础设施建设，监管主体责任难以有效发挥。各地环保机构垂改后，县级生态环境部门成为市级政府组成部门的派驻机构，如何有效发挥派驻机构与县级政府及县级相关行业管理部门的融合、协调沟通、监管是对县级农村环保监管的考验。

三、“十四五”时期高质量开展农村环境整治工作的对策建议

“十四五”期间，需在持续推进环境整治新任务、新工程的基础上，调整政策引导，聚焦治理的关键领域；借势借力，努力破解治理资金短缺等“卡脖子”环节；优化治理技术，深化技术帮扶指导；创新方式方法，推动农村生态环境保护监管能力现代化，切实将农村环境整治工作做深、做细、做实，持续改善农村生态环境、建设生态宜居美丽乡村，助力实施乡村振兴战略。

（一）聚焦治理重点，调整政策引导，带动地方切实提升农村环境整治成效

一是加强规划管理，探索制定县域农村环境整治规划，结合乡村发展、生态保护、产业发展、国土空间规划等，统筹环境整治，将城乡污染治理作为一盘大棋，协调推进。重点补齐治理短板，以加强农业面源污染治理和消除农村黑臭水体为目标，统筹推进生活污水、畜禽粪污等污染源治理，协同推进农村饮用水水源地保护。二是调整中央财政资金支持方式，先做后补，发挥奖补作用。对农村环境整治成效较好的地区，采取“以奖代补”方式进行补偿，激发地方干事的主观能动性；对现阶段整治成效较差的地区，在技术上强化定点帮扶指导，在工作推进上加大督促指导力度，待取得成效后给予资金奖励，保障“十三五”农村环境整治成效得到提升改进、“十四五”目标任务圆满完成。三是发挥各类基金和金融机构在生态环境保护领域的引领作用。农村环境整治虽然公益性强，但是乡村优美的环境、良好的生态都是潜在的自然资源，需要金融资本引领人、财、物，开发好、利用好农村生态资源，带动农村环境基础设施的建设。

（二）借势借力，拓宽投融资渠道，为整治长效运行保驾护航

一是构建社会资本与地方农村生态环境保护与开发等相关信息的衔接匹配。积极推动有条件的地区充分利用地方政府债券、银行低息贷款、绿色发展基金等金融政策支持农村环境整治，鼓励农村生活污水垃圾治理与区域乡村旅游开发、生态产业开发等相结合，探索通过环境保护与开发经营活动融合配套的方式，加快推动解决农村环境基础设施建设和污染治理问题。二是建议政府部门由上而下推动成立农村环境整治专项办或部门协调小组，明晰各部门权责及分工，共商共建，与农村人居环境整治、美丽乡村建设、村庄规划等互相衔接、协同推进。借助农业农村、住建、水利等部门人居环境整治资金、乡村振兴资金、水美乡村建设资金等涉农资金，形成资金合力，共同推动美丽乡村建设。

（三）优化治理技术，深入开展技术指导帮扶，推动农业农村绿色发展

一是强化农村环境整治技术指导。依托国家生态环境保护科技成果转化平台，探索开发农村生活污水、黑臭水体治理及农业面源污染治理技术筛选与集成案例推介，推广一批各具特色的技术模式和长效机制，供各地根据自身情况选用适合当地的污染治理技术与模式，科学确定技术工艺、处理规模。二是实施农村生活污水及废弃物资源化利用试点示范。明确农村生活污水资源化利用标准，引导各地强化污水资源化利用；依托农村粪污处理站点建设，推动规模以下畜禽养殖粪污集中处理处置，鼓励农村生活污水通过黑灰分离实现就近就地资源化利用，提升资源化利用水平。加强农村生活垃圾就地分类和利用，统筹推进农村生活垃圾源头分类减量。

（四）创新方式方法，强化设施运行日常监管，推动农村生态环境保护监管能力现代化

一是强化农村环境基础设施日常运维管理制度建设。充分运用物联网技术和手机APP、大数据等手段，联合住建部门全面开展设施运行情况排查评估，指导各地针对问题分类制订整改提升方案，推动尽快解决历史遗留问题。指导各地规范建立设施运行情况日常监管台账，加强对农村生活污水治理设施出水、农村饮用水水源地等常规水质监测；鼓励有条件的地方推广安装在线监测设备，建立农村环境整治设施智能监控平台，着力提升治理成效。二是内外联动提升日常监管效率。既要充分发挥生态环境部门在农村环境整治工作中的监管职责，推动将农村环境整治相关工作纳入日常执法检查和中央环保督查，提升监管力度；又要结合行政执法权限向乡镇基层延伸改革工作的契机，因地制宜推动乡镇政府综合执法部门联合县级人民政府相关管理部门共同开展执法监督；还要充分发挥第三方企业的专业优势，逐步摆脱既当裁判员、又当运动员的尴尬局面，提升农村生态环境高质量监管效能。

关于“十四五”农村生活污水治理工作的思考
——基于各省（区、市）农村环境综合整治成效评估报告

（贾小梅 于奇 王文懿 赵芳 董旭辉）

【摘要】通过对2008—2018年农村环境综合整治成效自评情况分析发现，虽然从国家层面推动实施农村生活污水治理已经跨越三个“五年”，但总体上我国农村生活污水治理比例仍然很低，当前及今后一段时间内农村生活污水治理仍将是农村人居环境改善工作中的重中之重。“十四五”是我国实现农业农村现代化的开局起步期，是夯实农村环境基础设施建设的重要阶段，农村生活污水治理作为农村环境保护的主要内容之一，亟待系统谋划、深度推进：一是科学评估投入，分区分类细化和落实农村生活污水治理资金保障，切实发挥资金最大效益，避免“工程交差”；二是加强帮扶指导，保障科学编制县域农村生活污水治理规划，切实推动农村生活污水实现有效梯次推进；三是搭建技术平台，建立政府和企事业单位协作的技术应用推广体系，合理确定农村生活污水治理的技术与模式；四是实施有效监管，确保农村生活污水治理成效的可持续，确保实现“工程建一处，持续运行一处，服务一方群众”的目标。

2008年以来，中央财政设立农村环境综合整治专项资金，支持开展农村生活污水治理在内的环境综合整治。2019年，生态环境部组织各地对2008—2018年实施的农村环境综合整治情况进行自评。按照生态环境部土壤司工作安排，发展中心于2019年12月底对部分地区自评报告进行了现场复核。基于各省（区、市）自评报告及现场复核调研，发展中心对各省（区、市）历年依托农村环境综合整治开展的农村生活污水治理工作进行了专项统计分析，以期为“十四五”期间农村生活污水治理工作提供参考。

一、农村生活污水治理工作成效及问题

2008—2018年全国农村环境综合整治工作累计投入资金1 273亿元，其中，中央专项资金安排494亿元，带动地方政府和其他资金779亿元，完成16.3万个建制村环境整

治。依托农村环境综合整治开展的农村生活污水治理项目累计建设污水管网 156.9 万 km，建成农村生活污水治理设施 35.5 万套，处理能力达 937 万 t/d。我国农村生活污水治理率得到显著提升，但总体上开展农村生活污水治理的村庄占比及推进情况并不乐观，今后一段时间内农村生活污水治理仍将是农村人居环境改善工作中的短板，主要体现在以下三个方面：

（一）农村生活污水治理水平得到大幅提升，但与需求相比仍有较大的差距

截至 2018 年年底，虽然依托农村环境综合整治推动生活污水治理的行政村数量及治理率不断提高，但绝大多数地区农村生活污水治理项目占比偏低。绩效评估统计结果显示：2008 年至“十一五”末（2010 年），通过农村环境综合整治项目仅有 2 936 个行政村开展农村生活污水治理，到“十二五”末（2015 年），这一数量达到 27 901 个，是“十一五”末的 9.5 倍。截至 2018 年年底，依托农村环境综合整治项目实施农村生活污水治理的行政村数量达 57 974 个，是“十一五”末的 19.7 倍（图 1）。

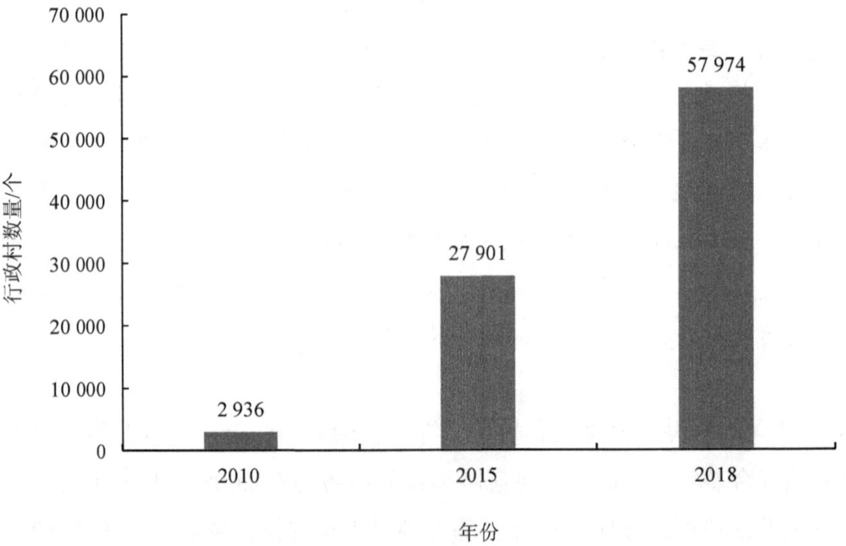

图 1　各阶段依托农村环境综合整治项目实施农村生活污水治理的行政村数量

图 1 显示，自开展农村环境综合整治以来，2008—2010 年，农村生活污水平均治理村庄数为 979 个/a，“十二五”期间达到了 5 580 个/a，2016—2018 年平均治理村庄数更是高达 19 324 个/a；“十二五”期间和“十三五”期间的年度治理数增幅显著增大。总体上农村生活污水得到治理的村庄数量大幅增加，治理速度不断加大，但在全国 55 万个行政村中，截至 2018 年年底依托农村环境综合整治项目开展生活污水治理的比例仅为 10.5%。

统计分析还发现，我国地区之间农村生活污水治理推进结果差异较大。截至 2018 年年底，西藏、黑龙江两省（区）通过农村环境综合整治实施农村生活污水治理的行政村数量［占各省（区）总行政村数的比例］很低，分别为 2 个（0.04%）、49 个（0.6%）；湖南、江苏两省通过农村环境综合整治实施农村生活污水治理的行政村数量（占各省总行政村数的比例）较高，分别为 11 903 个（49.8%）和 4 615 个（31.9%）。全国累计有 18 个省（区、市）依托农村环境综合整治开展生活污水治理的行政村占全省总行政村数的比例低于 10%。

由此可见，虽然从国家层面推动实施农村生活污水治理已经跨越三个“五年”，但总体上我国农村生活污水治理比例仍然很低，绝大多数地区农村生活污水治理工作任重道远，且区域间自然环境和社会经济状况，特别是在治理需求、治理意愿和生活习惯等方面的表现差异较大，增大了治理的难度。

（二）农村生活污水治理逐步聚焦重点区域，但部分省份“撒胡椒面”的情况仍然存在

统计结果表明，2008—2010 年全国各县（区）依托农村环境综合整治实施的农村生活污水治理项目总量不多，属于起步和尝试摸索阶段。

此阶段多以摸索经验为主，故在各省（区、市）农村环境综合整治中都有农村生活污水治理试点项目，而且比较分散，治理推进方式以“撒胡椒面”为主。

依据前 3 年的实践经验，自 2010 年起，国家先后分三批遴选出 21 个省（区、市）和 2 个计划单列市，开展农村环境连片整治试点示范，中央财政连续三年集中投向这些试点示范地区。截至“十二五”末（2015 年），在县级层面，东、中部地区平均布局的局面被打破，四川、重庆、湖北、湖南、江苏、浙江、福建等 7 个省（市）农村生活污水治理呈现局部地区集中连片布局的趋势。通过连片整治的成效可以看出，一方面在江苏、浙江等省开展集中连片治理的区域，村庄内居民房前屋后水环境质量显著改善，农村居民幸福感大幅提升；另一方面在“十二五”期间 7 个省（市）探索出了一系列好经验好做法，例如江苏常熟的“四统一”模式、重庆的市场化治理模式等，成为“十三五”期间各省（区、市）调研学习的选点。

为提高连片整治取得的成效和提升农村群众的获得感，2015 年，环境保护部印发《关于报送 2015 年农村环境综合整治实施方案的通知》，首次明确农村环境综合整治要“以整县推进为主要方式，彰显集中连片效果”。到 2018 年年底，以上 7 个省（市）的多片区聚焦集中施治趋势显著。山东、河北、安徽、云南、贵州、广西等地也开始呈现连片治理的趋势。这一阶段，“十二五”期间探索出来的好经验好做法得到再创新，例如山东临沂兰山区探索出农村生活污水治理设施租赁及运维模式。长江中下游区域、东部沿海

地区农村生活污水治理取得显著成效，区域污水治理设施聚集化程度较高，污水治理设施村庄覆盖率高于全国平均水平。但部分省份依托农村环境综合整治项目实施的农村生活污水治理仍然以“撒胡椒面”方式推进，设施覆盖农户认为污水治理流于形式，设施无法正常运行，感受不到治理带来的变化。

从以上三个阶段不断实践、不断探索的过程以及实际治理效果看，“撒胡椒面”的施治方式导致农村生活污水治理设施分散，资金无法有效保障，设施建设质量差，是难以实现预期的治理成效的重要因素。同时分散效应使基层保障农村生活污水治理设施管护资金的动力不足，“重建轻管”的问题难以规避。要提高农村生活污水治理成效，加强对基层农村生活污水治理工作的指导帮扶势在必行。

（三）各地探索了很多好的技术和运维模式，但技术和资金仍是制约治理成效的核心问题

综合历年的统计数据和治理效果可以看出，各地在技术选型方面进行了有效的尝试，取得了明显成效。绩效评估统计结果显示：现有农村生活污水治理设施在技术选型方面，9%的项目就近纳入城镇污水处理厂，39%的项目选择采用生态处理技术（人工湿地、土地处理、稳定塘等），29%的项目采用生物处理技术（生物膜法、活性污泥法等），23%的项目采用其他治理技术。其中，因为生态处理技术投资少、运维简便在农村应用较广，但是调研发现即便是运维简便的生态处理技术，由于缺乏资金而无人有效管护的问题也不少。

在设施运维方面，设施普遍采用村集体运维、乡镇运维、县（区）政府运维和第三方运维四种模式，占比分别为34%、34%、6%和26%。统计发现，经济发展水平相对较高的东部地区，约30%采取的是第三方运维；中部地区以村集体运维为主的达50%以上，委托第三方运维的仅占 15%。调研发现经济发达地区的设施运维保障普遍优于经济水平相对滞后的地区。

在设施有效运行方面，北京、河北、内蒙古、辽宁、青海、贵州、宁夏等9个省（区、市）农村生活污水治理设施正常运行率低于 60%；上海、江苏、安徽、山东、河南、广东等13个省（区、市）农村生活污水治理设施正常运行率在90%以上。总体设施有效运行呈现南方优于北方，除气候原因外，居民日常用水排水习惯是重要的影响因素。

但是综合来看，各地设施实际运行情况与绩效自评结果存在一定差异。发展中心对某省绩效自评现场复核发现，随机抽查的项目设施正常运行率仅为 78%，低于其自评结果20个百分点。这些设施不能正常运行，一部分是因为技术选择不合理导致污水收集不足，一部分因为地方财政资金配套不足，无法配建污水收集管网，导致设施闲置。且被抽查的地区均未建立运维管护制度和监测制度，投入运行的污水治理设施治理效果难以

准确评估。农村生活污水治理形式主义问题在部分地区突出，基层为争取国家资金而建设、为考核而建设，但在技术上难把控，资金上难配套，导致治理工作脱离农村实际、偏离农村环境治理的初衷。

二、“十四五”时期农村生活污水治理工作的有关对策建议

2020 年是“十三五”收官之年，农村生活污水治理虽然取得了明显成效，但是治理需求与资金保障、政策要求与基层技术能力和监管能力之间的矛盾不容忽视。“十四五”是我国加快实现农业农村现代化的重要时期，也是大力推进农村环境保护基础设施建设的阶段，农村生活污水治理作为农村环境保护的主要内容之一，亟待在保持治理方向不变、力度不断加大的前提下，合理规划，统筹推进。重点在分区分类细化和落实资金保障、加强县域规划技术帮扶、细化技术保障和提升监管水平等方面系统谋划和布局。

（一）科学评估投入，分区分类细化和落实农村生活污水治理资金保障

历年来的实践表明，相对于农村生活垃圾治理、畜禽养殖污染防治等工作，农村生活污水治理对资金的需求量更大。当前资金投入严重不足，是导致我国农村生活污水治理工作推进缓慢的关键因素之一。“十四五”期间，为进一步推动农村生活污水治理，在国家层面，根据各地实际情况，结合长江流域、黄河流域生态保护和高质量发展战略等宏观要求，以及城市近郊、远郊及偏远地区不同的乡村功能、发展定位等微观需求，统筹农村生活污水治理设施和管网建设，合理细化不同区域、不同类型村庄农村生活污水治理目标和要求，对开展农村生活污水治理所需要的资金规模进行科学核算，确保资金投入能够实现预期成效。在基层层面，也应根据城镇及乡村发展规划等，合理确定区域内农村生活污水治理的优先时序，对所需资金进行科学匡算，据此将其纳入基层财政预算，保障农村生活污水治理对资金的需求，将好事办好、实事办实，切实避免“工程交差”。

（二）强化帮扶指导，保障县域农村生活污水治理规划科学有效实施

2019 年生态环境部印发《关于进一步加强农业农村生态环境保护工作的指导意见》《县域农村生活污水治理专项规划编制指南（试行）》等文件，明确要求 2020 年 6 月底前编制完成农村生活污水治理专项规划（方案），实行农村生活污水治理统一规划、统一建设、统一运行、统一管理，指导各地以县为单位，编制农村生活污水治理规划，规划时限至少 5 年，涵盖“十四五”。但各地农村生活污水治理“撒胡椒面”式推进方式尚没有根本扭转，基层环境管理部门在规划编制的深度、科学性和可操作性等方面存在不确定

性，形式主义难以有效避免。

建议生态环境部加强对各地农村生活污水治理规划编制的帮扶指导，通过专家全方位、系统化帮扶，切实扭转各地在农村生活污水治理项目布局、技术选取等方面的不足，既帮助地方发现并解决问题，又摸清地方农村生活污水治理的进展，解决信息不对称的问题，同时在传帮带过程中实实在在提升基层环境保护队伍能力，保障农村生活污水治理规划能够有效实施，推动农村生活污水实现梯次推进。

（三）搭建技术平台，建立政府和企事业单位协作的技术应用推广体系

不同区域农村所需要的技术与模式不同。建议生态环境部作为农村生活污水治理的责任部门，在对当前农村生活污水治理中所采用的技术进行分类的基础上，组织相关单位科学系统地分析评估这些技术的特点及空间适宜性，细化各类技术的指标参数，提出一份“自上而下”的技术供给清单。在此过程中，将国内相关领域的科研成果、企业成熟的农村生活污水治理技术（设备）或者治理模式也纳入进来，一方面增加单项技术、集成技术或者模式的可选择性，另一方面也调动企业参与农村生活污水治理的积极性，构建政府和企事业单位协作的技术推进体系。同时，基层管理部门在推进农村生活污水治理的进程中，可基于对不同区域农村污水治理的需求，提出一份“自下而上”的技术需求清单。通过技术供给与需求清单的衔接，推出一批服务于不同区域的农村生活污水治理需求技术和模式。上述工作可依托国家生态环境科技成果转化综合服务平台开展。

（四）实施有效监管，确保农村生活污水治理成效可持续

针对“十三五”期间各级政府普遍关注农村生活污水治理设施建设数量，对设施的运行效果及可持续性不够重视，应加强对农村生活污水治理规划、建设、验收移交、运维等的全过程监管。针对当前农村生活污水治理监管缺位问题，建议在政府层面，依托信息数据强化政府主动监管。强制各地启用生态信息化工程建设农村生活污水治理信息子系统，细化活化系统中项目信息，实现全国农村生活污水治理项目直连直报与在线评估、监管和即时反馈。在社会层面，通过政府购买服务，全面推进社会化监管。通过第三方参与，建立农村生活污水治理建设和运维评估与监督机制，对参与农村生活污水治理的利益相关方的行为、治理效果、居民满意度、存在的问题进行全面科学评估，确保治理成效的可持续性。即实现全过程的监管，切实克服“重建轻管”，确保实现“工程建一处，持续运行一处，服务一方群众”的目标。

“十四五”期间持续推进农村生活污水治理的几点思考

（赫晓霞 贾小梅 王文懿 赵芳 董旭辉）

【摘要】2008 年以来，尤其是在《农村人居环境整治三年行动方案》《农业农村污染治理攻坚战行动计划》等政策指引下，我国各地建成一大批农村生活污水治理设施，形成了纳入城镇集中处理，建设集中式污水治理设施、小型分散式治理设施以及实施资源化利用等多种治理模式，并不断完善相应管理制度。

“十四五”期间，我国农村生活污水治理将步入高质量规范化管理阶段，生态环境系统推进农村生活污水治理亟待解决几方面问题：一是前期污水治理设施由多部门分头建设，存在部分设施老化损坏、治理成效不佳以及管网未配套等问题；二是农村生活污水治理目标偏于定量化且全国标准要求统一，与区域生态环境质量改善成效及各地现实条件衔接不足；三是农村生活污水治理过度设施化为后期长效运维带来巨大资金压力，资源化利用及有效管控定义模糊制约其应用推广。

“十四五”期间持续推进农村生活污水治理，一要加强农村生活污水治理设施分类管理，建立设施升级改造和退出机制，逐步消化遗留问题，为生态环境部门规范管理奠定基础；二要定量指标与定性指标相结合，构建与治理目标相契合的管理政策和标准体系，给予地方更多自主权；三要明确资源化利用及有效管控治理模式的判定标准，在保证流域区域水环境质量达标及村庄面貌改善的前提下，推动农村生活污水治理优先采用资源化利用及有效管控模式，从根本上缓解设施建设及长效运维的资金压力。

一、我国农村生活污水十年治理成效与问题

（一）多部门共同推进农村生活污水治理成果显著，但已建设施遗留问题不容忽视

农村生活污水治理系统的统计数据显示，2008—2019 年，全国各地由各部门资金支

持建设的农村生活污水治理设施近 1 147.9 万套。其中，分散式污水治理设施（规模小于 20 t/d）近 1 137.5 万套，集中式污水治理设施 10.4 万套，覆盖全国 3.4 万个乡镇的 15.7 万个村庄。通过生态环境部农村环境整治综合资金支持建设的仅涉及 7 万个村庄，占开展农村生活污水治理村庄总数的 44.6%，43 830 个农村生活污水治理项目共建设 172.6 万套农村生活污水治理设施，占农村生活污水治理设施总数的 15%。发改、科技、水利、农业农村、住建等部门通过流域治理、科技下乡、农村水利建设、美丽乡村建设、传统村落保护等项目，在农村地区建设了一大批农村生活污水治理设施，共同推动了农村生活污水治理进程。

调研发现，由于农村生活污水治理早期由多个部门分头实施，已建设施部分存在运行状况不理想或者无法运行，管理责任主体不明确，缺乏完善的验收、移交手续，设施退出或提升改造困难等问题。基层生态环境部门接手农村生活污水设施后将面临其他相关部门建设的污水治理设施如何移交、如何接管，已废弃设施如何处置，部分设施需要升级改造应履行什么手续，升级改造费由谁承担等一系列亟待解决的问题。

（二）农村生活污水治理模式和管理制度逐步完善，农村生活污水治理差异化管理和标准建设任重道远

随着农村环境保护工作不断加强，农村生活污水治理管理制度体系建设得到强化。国家先后出台涉及农村生活污水治理排放标准制（修）订、规划编制、设施建设与投资指南、治理技术及设施运维方面的指导性文件十多项。各省（区、市）也陆续细化相关政策标准。截至 2020 年，全国 31 个省（区、市）和新疆生产建设兵团累计制定农村生活污水治理领域的政策制度、标准达 180 余项，其中，浙江省农村生活污水治理领域的政策文件覆盖规划、建设（改造）、验收、运维、第三方机构管理、设施排放标准、水质检测及评价要求等。得益于符合农村生活污水治理需求和工作进度的一系列管理制度和标准体系、逐步健全的治理责任和市场体系，浙江农村生活污水治理行政村覆盖率达 80%以上，居全国首位。

虽然农村生活污水治理管理制度和标准不断完善，也有诸如浙江生活污水治理的成功经验，但调研发现，由于各地自然环境、产业发展定位、政府管理能力、农民实际需求存在显著差异，部分中部省份以及西北、东北、西南等省份农村生活污水治理模式仍然处于探索推进阶段。一些生态环境容量较大、水环境质量现状较好的地区，对集中治理模式还存在异议。例如，西南地区的贵州，截至 2019 年年底，全省农村生活污水治理覆盖的行政村比例仅为 10%，但区域农村居民居住较分散，环境容量大，并没有对流域水环境质量产生影响，统计结果显示，2020 年上半年贵州全省国控断面水质优良比例达 98%以上。东北地区的黑龙江，受区域自然环境、人口特征及国家战略发展定位等因素影

响，农村基础设施相对滞后，农村生活污水治理率较低，但该区域农村对污水（粪肥）的资源化利用消纳空间充裕，由于集中式污水治理设施的建设成本、运维成本远高于中东部地区，以污水治理设施建设为主导的治理方式反而给地方政府带来沉重的经济压力和后期运维负担。

（三）农村生活污水治理设施大量建设，后期提升改造和运行维护资金压力凸显，资源化利用和有效管控模式亟须政策支持

实地调研发现，在早期治理过程中，为了确保完成考核指标，部分地区存在过度建设设施及管网的情况，既不符合农村实际需求，且投资和运维成本过高。主要表现在三个方面：一是部分农村生活污水治理设施设计规模偏大，超出村庄治理需求；二是一些农村生活污水治理设施工艺选择脱离农村实际而追求“高大上”，增加了运维难度和成本；三是部分地区已建设施出水标准高于新出台的地方标准，高标准带来高费用，给长期运行维护带来较大资金压力。例如，广东省广州市从化区大力推动农村生活污水治理全覆盖，但目前除现有设施运维资金需求近 400 万元外，由于村庄不断扩大，对现有污水治理覆盖情况实施查缺补漏，以及设施大、中修等资金需求仍在 6 亿元以上。河南省郑州市截至 2020 年年底，农村生活污水治理设施建设行政村覆盖率高达 90%以上，年度运维资金达 2.6 亿多元。早期治理过程中，主推污水治理设施建设，导致现阶段地方政府建设和运维资金压力较大。福建省三明市将乐县采用 PPP 模式在 61 个行政村建设污水治理设施，污水处理率达 80%以上，项目建设投资达 1.1 亿元。无论是采取区县财政直接投资、PPP 模式或者发行专项债券来筹集建设和运维资金，虽短期内可以满足地方污水治理设施建设的需求，但从长期来看，最终的资金压力还需基层政府承担。

资源化利用和有效管控模式在农村生活污水治理实践中发挥重要作用，其有序有效推广在治理农村生活污水的同时可大幅降低建设运营成本并实现资源循环利用。广东、福建两省采用资源化利用或建设三格化粪池就地分散处理进行管控的已治理村庄所占比例均超过 1/4。茂名、河源采用资源化利用的自然村比例已超过 50%。四川省苍溪县结合“厕所革命”，对居住分散的农户采用“三格化粪池+农田灌溉”模式，全县 31 个乡镇驻地污水治理设施基本实现全覆盖，464 个行政村中农村生活污水得到有效治理的行政村比例达 58.6%，受益农户 10 万余户。其中，采用“三格化粪池+农田灌溉”资源化利用模式的农户达 9.6 万户，年处理农村生活污水 16.8 万 t，还田还园资源化利用农村生活污水 15.4 万 t，资源化利用率达 91.7%。资源化利用的良性循环，不仅改善了农村人居环境，而且还带动了特色休闲农业观光旅游，让村民吃上了“生态饭”。

但各地对资源化利用和有效管控如何判定存在困惑，不敢轻易将此类村庄纳入已治理范围。广东省和福建省农村地区已普遍完成改厕，农户基本都建有化粪池对厕所粪污

进行初步处理。但是化粪池出水的后续资源化利用情况则尚未进行系统性调查，除部分有明确资源化利用途径的可以被认定为资源化利用或有效管控外，大部分仅建有化粪池的村庄未被列入已治理村庄。诸如如何界定分散居住，是否要明确出水去向，出水农田利用是否要满足农田灌溉标准，是否要明确可利用的山地或农田面积，是否需要配套资源化利用设施或管网，等等，都使得地方不敢轻易认定村庄污水已经通过资源化利用或有效管控的方式得到治理。

二、"十四五"时期持续推进农村生活污水治理的建议

（一）加强已建成农村生活污水治理设施的分类管理，逐步消化遗留问题

由生态环境部组织各省（区、市）对农村生活污水治理设施建设运行情况、责任单位进行全面排查，推动各省（区、市）建立分类监管项目清单，完善设施建设、移交手续，加快已建成农村生活污水治理设施的组织实施单位向县级人民政府及乡镇政府移交设施，强化地方政府和乡镇政府属地管理责任。对移交时确认正常运行的设施，县级人民政府和乡镇政府可直接接管。对进行升级改造后能够正常运行的，由前组织实施单位进行升级改造后接管。对由于村庄撤并或者搬迁纳入城镇管网，以及设施老化、自然灾害（洪水、泥石流等）导致设施废弃或无法正常运行的予以登记，因地制宜履行产权注销手续，为设施"销号"，或结合新项目提升改造，确保设施覆盖范围内的农村生活污水得到有效治理。通过强化农村生活污水治理设施的分类管理和产权移交，为生态环境部门组织指导农村生活污水治理理顺责任，让基层管理人员能够放开手脚，安心做好治理和监管工作。

（二）采取定量指标与定性指标相结合的方式，构建与治理目标相契合的农村生活污水治理管理政策和标准体系

总体来看，农村生活污水治理目标一是要保证流域水质达标，二是要保证农村人居环境和卫生条件得到改善。因此，在治理成效的认定方面，建议采取定量与定性相结合的方式，将农村生活污水治理成效与流域断面水质达标情况（定量指标）和农村人居环境改善状况（定性指标）挂钩：明确在流域断面水质达标区域，可采用资源化利用或管控模式进行农村生活污水治理，经过调查评估后已实现生活污水资源化利用或有效管控的村庄，纳入已完成治理的村庄名单。即国家农村生活污水治理目标考核的下一步应重点考核村庄治理率，治理率指标包括资源化利用和有效管控在内的四种治理模式，村庄采用任何一种治理模式都可以认定为完成了治理。

农村地区人口聚集程度相对较低，生态系统多样性相对较好，环境承载能力和消纳能力较强。农村生活污水治理管理政策和标准制定应充分考虑各地农村的自然环境本底状况及生态和人居环境改善需求，在国家层面应鼓励地方因地制宜制定更加精准的政策和标准。例如，黑龙江等粮食主产区，出水可满足农田对水分和营养物质的需要，以标准的精细化推动农村生活污水、污泥的资源化利用；西南地区自然环境本底较好且经济欠发达地区结合改厕，通过规范的三格化粪池建设即可达到农村生活污水的有效管控。河南、山东等地通过大型三格化粪池配备抽污车定期将三格化粪池的污水收集转运到村庄周边农田的方式可实现农村生活污水的资源化利用和有效管控。

（三）进一步明确资源化利用和有效管控的判定标准，推动农村生活污水治理优先采用资源化利用及有效管控模式，从根本上减轻地方农村生活污水长效治理的资金压力

一方面，建议国家进一步明确资源化利用及有效管控治理模式的指导性判定标准：村庄生活污水经化粪池处理后可直接排入或有明确转运途径排入农田、灌溉沟渠、鱼塘、果园、茶园、林地等明确去向的，可认定为村庄污水得到资源化利用；村庄生活污水未对村庄人居环境产生影响（无污水横流），未产生黑臭水体，未对周边流域水质产生影响的（周边流域水质稳定达标），即可认定村庄污水得到有效管控。在省级层面，广东、福建已经明确了农村生活污水治理的资源化利用和有效管控相关的原则性判定标准，各省可根据当地实际情况，提出农村生活污水资源化利用和有效管控的技术路线或判定标准。

另一方面，建议在明确资源化利用和有效管控作为农村污水治理模式的基础上，筛选和推荐典型资源化利用模式，引导各地通过调研评估，确定适合当地的资源化利用模式和管控标准，进一步推动农村生活污水治理优先采用资源化利用及有效管控模式，从根本上减轻地方农村生活污水长效治理的资金压力。

摸清现状底数 规范统计口径 增强“十四五”农村生活污水治理的科学化和精准化

（赫晓霞 于奇 赵芳 董旭辉）

【摘要】自 2008 年环境保护部启动农村环境综合整治工作以来，经过十多年的努力，部分发达地区已基本实现农村生活污水治理设施全覆盖，中西部地区也加快了农村生活污水治理的步伐。各地农村人居环境质量及水环境质量改善的需求日益增加，如何持续提升农村生活污水治理工作的精准化和科学化已成为各地的现实需求。

发展中心通过对农村环境综合整治成效进行评估及信息数据统计发现，我国农村生活污水排放和治理数据统计建设滞后，由此形成的基本底数不清、状况不明已成为制约农村生活污水科学有效治理的“瓶颈”。同时，对现有农村生活污水治理设施的建设运行情况进行绩效评价，发现各地普遍存在指标含义不明确、数据统计口径不一致、治理效果不清晰等问题，给现有农村生活污水治理设施绩效评价带来较大困扰，影响着现有治理经验的推广示范和农村生活污水治理工作的总体部署。

依托水专项课题，本文在实地调研分析农村生活污水排放和治理现状的基础上，结合对已建成治理设施的建设及运维情况的比较，建议“十四五”期间农村生活污水治理应将摸清现状底数、规范统计口径作为工作重点：一是全面调研摸排，建立农村生活污水治理台账，摸清污染现状底数，找准治理需求，多途径指导农村生活污水治理科学规划；二是统一评估标准及量化指标，探索研究简便易行的监管方式和治理效果评估方法；三是规范统计口径，建立科学规范的信息管理体系，以信息化建设助力“十四五”时期农村生活污水治理的精准化、科学化。

一、底数不清已成为制约农村生活污水治理科学决策的重要“瓶颈”

（一）农村生活污水排放情况和治理需求底数不清

2020年我国将全面进入小康社会，在基本生活得到全面保障后，农民对饮用水安全、空气质量和水环境质量安全、人居环境改善等方面的需求日益提升，给“十四五”时期农村环境治理提出了更高要求。农村生活污水排放情况和治理需求底数不清的问题已成为农村环境治理精准施策的主要制约因素。

一是与城市相比，现行统计方法及数据不能真实反映农村生活污水排放特点。首先，农村生活污水排放不均匀，水量日变化和季节变化明显。农村生活污水排放量日变化系数一般在3.0～5.0，受节假日归乡探亲人口变化及乡村旅游产业日益发达等情况的影响，农村地区生活污水排放量的季节变化非常显著。其次，我国不同区域的经济社会发展水平、自然地理条件、农民生产生活习惯等存在明显不同，农村生活污水排放量在各地也存在较大差异。因此照搬城市生活污水排放量核算系数不能真实准确反映农村生活污水的排放量和排放特征。

二是农村生活污水排放途径和去向多样化，不同环境条件治理需求不同。我国农村，尤其在北方地区，一些农户仍保留着日常用水庭院泼洒、旱厕粪污资源化利用的传统生活方式，每天污水排放量很少甚至不外排，几乎无迫切的污水治理需求；一些农户家庭生活污水通过化粪池简易处理后即通过明渠或暗管排入附近小溪和屋前房后水塘中，若周围不涉及敏感水体，其污水治理标准要求不高；一些人口集聚程度高且周边水体环境比较敏感的地区，虽在农村地区相对分散但污水治理需求和标准都相对较高。所以农村污水治理方式和排放标准与农村地区居民的生活习惯、聚集程度和周边环境敏感性等因素关联度大，其治理需求差异化明显。底数不清、治理需求不明确直接影响农村生活污水治理实施方案的科学性和准确性，导致治理资金不能充分发挥实效。

（二）农村生活污水治理效果和环境质量改善成效不明确

汇总全国各省2008—2018年农村环境综合整治项目自评报告，并对其指标数据进行统计分析发现，全国依托农村环境综合整治工作开展的农村生活污水治理项目累计建设污水管网156.9万km，建成农村生活污水治理设施35.5万套，处理能力近1 000万t/d。现有农村生活污水治理设施数量庞大且布局分散，治理效果如何尚无简便有效的方式予以评估考核。

一是治理设施进出水状况不明确。农村生活污水治理设施量大面广，在没有专业运维公司进行实时监控的情况下设施的进出水量及水质无法实现有效监管。已建成设施在实际运行中出现因设计预估水量过大、管网覆盖不全、管网破损等因素导致的治理设施无进水，设施建设不合理导致地下水反渗，出水量明显大于进水量等情况。同时设施运行出水水质仅通过浑浊度、水体颜色和气味难以判断是否达到治理效果，而采用现场实测的监管方式则受时间成本、行政成本及监测成本过高影响难以实现。目前设施运行情况基本处于各地环境管理的真空地带，而运行好坏、有效无效却直接影响农村居民对治理工作的认可程度。因此亟须探索研究快速简便的农村生活污水治理设施效果评价指标方法，指导各地实施设施的监管维护。

二是设施治理效果与环境质量改善成效不衔接。农村环境综合整治工作最终目标是实现农村人居环境质量改善。汇总评估报告信息发现，现有统计信息主要聚焦在设施建设和污水治理率等指标上，尚未与环境质量改善的成效进行衔接。“十四五”期间需要逐步推动农村生活污水治理目标与环境质量改善挂钩，切实提升老百姓对农村水环境质量改善的获得感。

（三）农村生活污水治理相关信息统计口径不一致

以农村生活污水治理为主要支持方向的农村环境综合整治工作推进已十多年，从收集到的各地上报信息发现，因对相关指标统计口径理解不同导致信息统计结果产生较大差异的情况普遍存在。

一是现有统计信息指标含义和范围不明确。综合各省自查报告，并对其统计数据进行分析表明，农村生活污水治理主要统计指标的含义和范围界定不明确，导致各地报送的信息口径不同，既降低了数据信息统计的一致性，也给各地实施综合整治工作的成效带来误判，例如，在指标含义方面，农村生活污水治理设施是否包括建制镇和乡政府所在地设施，设施覆盖率统计是按照行政村还是自然村的数量进行核算，农村生活污水处理率和设施覆盖率如何区分，户用三格化粪池和户用沼气池是否应归类为分散式污水治理设施，设施正常运行率的具体判断标准是什么，项目通过验收是指工程验收还是项目验收，等等。

在统计范围方面，有的省（区、市）仅报送有中央农村环保专项资金（节能减排资金）支持的项目，有的省份则报送全口径项目；有的省（市）农村生活污水治理工作由住建、农委、环保等多部门开展，报送信息只列单一部门的统计信息，涉及资金整合的项目未能区分体现。

二是设施建设运维成本核算统计口径不一致。现有农村生活污水治理设施建设和运维成本统计核算中，除去投融资模式、设施处理规模、地形地貌等对成本的影响，数据统计口径的不同也带来建设和运维成本核算结果的明显差异。农村生活污水治理项目实施过程中涉及土地征用、设施建设、管网配套、土建施工、运行维护、人员工资等多方面，成本测算部分各地考虑的因素不尽相同，有的截取设施建设和土建施工，有的增加配套管网费用，导致成本核算差别较大。

综上表明，指标含义不清晰和统计口径不一致导致管理部门无法准确掌握各地农村生活污水设施建设情况、运维成本，影响农村生活污水治理现状的科学评估。

二、摸清底数，规范统计口径，提升“十四五”时期农村生活污水治理的科学化、精准化水平

“十四五”期间，农村生活污水治理应步入规范化、专业化及信息化的新阶段：全面调研摸排，建立农村生活污水治理台账；针对不同治理需求采取不同的治理模式，优先治理人口聚集区域和环境敏感区域；统一农村生活污水治理评估标准和方法，构建设施建设标准技术经济指标体系，对处理工艺的技术有效性、经济性、适宜性等进行综合评估；规范统计口径，建立科学规范的信息报送机制。以此科学指导“十四五”时期不同区域农村生活污水治理规划和管理工作的开展。

（一）摸清底数、找准需求，多途径指导农村生活污水治理科学规划

一是建立指标体系和核算方式，科学掌握我国农村生活污水总体治理规模。开展农村生活污水排放量指标体系和核算技术方法研究，系统分析我国受南北气候差异、东西经济差异、城市化进程、人口变化等因素影响的农村生活污水产排量，通过完善生态环境保护信息化工程农村生态环境保护分系统的农村生活污水专项模块，逐步构建全国农村生活污水产排放情况的数据库统计系统，全面掌握农村生活污水的排放状况。

二是精准调研，明确农村生活污水治理需求。在全面了解农村人口分布集聚情况、区域水环境质量状况、主要环境敏感问题及村前屋后水体黑臭情况的基础上，查实农村生活污水治理需求，确定工作重点和工作路径，梯次推进农村生活污水治理。可借鉴重庆市治理经验，按照治理需求分级分区，集中资金优先治理人口集中、区域环境质量要求较高的区域，再逐步向更小规模的居住区域推进。

重庆市自2010年开展农村生活污水治理，在项目实施初期，建设了大量分散式污水治理设施。随着城镇化进程不断加速，农村人口梯度转移，农村散户常住人口减少，甚至常年无人居住，大量已建成的分散式污水治理设施闲置甚至废弃。重庆市环保局于2012年及时叫停分散式污水治理设施建设，根据实际需求调整项目建设重点。2013年，将项目实施的重点区域调整为撤并场镇、农民新村、高山生态扶贫搬迁聚居点等人口集中的区域。同时按照环境敏感程度优先治理“三区”（自然保护区、风景名胜区、饮用水水源

保护区）2 000 个行政村、“五沿”（沿高铁两线、沿高速两旁、沿江两岸、沿旅游景区周边、沿城郊环线）2 200 个行政村的农村生活污水问题。目前重庆市正联合市场监管部门推动农家乐、民宿等的农村生活污水治理基本情况调查。农家乐、民宿有明确的经营主体，主体责任清晰，污水排放对周边环境影响大，是重庆市下阶段污染治理的重点。

三是以改善农村人居环境及周边水环境质量为目标科学制定治理规划。为实现精准治污和科学治污，应加强技术指导，利用走基层调研帮扶、线上视频课程辅导等多途径宣贯《县域农村生活污水治理专项规划编制指南（试行）》等技术政策，因地制宜采用简便高效的污水治理技术和运维管理体系，整合资源统筹规划，帮助各地做好县域农村生活污水治理专项规划的科学编制，突出效果导向，切实发挥专项整治资金的最大效益。

（二）统一评估标准，探索研究简便易行的监管方式和治理效果评估方法

农村生活污水治理量大面广，改善农村环境质量存在多重复杂性，因此创新监管方式，研究适合于评估农村生活污水治理成效的技术方法是推动农村人居环境质量改善的重要手段。

构建农村生活污水治理设施建设和运行成效评估指标体系，在评估污水治理设施建设和运行成本时，应明确设施的投融资模式、所在区域的地形地貌、设计处理规模、出水排放标准、具体工艺组成，以及各项费用涵盖内容等；在评估治理效果时，应综合考虑设施的设计排放标准、设施运行负荷、设施实际进出水浓度、设施出水去向、区域水环境质量目标等。规范统计口径、统一评估标准，才能对不同工艺的建设和运行成本进行客观比较，结合设施治理效果选择最佳适用工艺。作为一项长周期的工作，农村生活污水治理设施在前期规划时，就要算清“建设成本+运维管理成本+环境治理效益”的总账，不以单一指标作为治理模式和技术选型的标准。

（三）规范统计口径，建立科学规范的信息管理体系

科学准确掌握我国农村生活污水治理现状，需要不断完善现有信息报送机制和数据统计口径，在现有数据报送的实践经验基础上，规范易产生歧义的指标含义，明确需纳入信息统计的设施范围，优化治理成效的表征指标，夯实科学规范的信息报送机制。同时借助大数据分析的技术手段，整合各类涉农信息资源，助力农村环境管理的精细化决策。

第一，农村生活污水治理数据信息调度范围方面，报送全口径支持的农村环境综合整治项目，确保中央、地方政府投入与村镇自筹资金项目正确填报，保证统计范围全面且可筛选。

第二，农村生活污水治理设施指标统计方面，细化纳入城镇管网的村庄数量，分别

统计集中式治理设施数量和分散式治理设施数量；由于“水冲厕+化粪池”的简易处置方式目前普及程度较高，建议户用化粪池和户用沼气池不作为分散式设施进行统计；在统计设施覆盖率时，建议分别统计乡镇设施覆盖率和村级设施覆盖率，村级设施覆盖率以自然村或村小组为基本单位进行核算，同时考虑设施覆盖人口占区域总人口的比例；在设施正常运行指标的基础上，有监测数据的设施建议增加达标处理率指标；建议明确项目验收是指竣工验收而非阶段性工程验收。

第三，农村生活污水治理设施的建设和运维成本核算方面，进一步明确指标统计范围，如是否包括设施规划、设计、采购、施工、管网配套建设和维护以及不同工艺类型设施所涵盖的运维成本等（电费、药剂、日常管理、维修等）；如设施配套太阳能发电装置用以供电，则太阳能装置的建设和维护费用应列入运维费用；如设施场地的日常管理未聘请专人而由村里保洁人员负责，则应按照工作量计入运维费用。

第四，夯实科学规范的信息报送机制，丰富数据统计展示方式，加强信息交互共享。依托生态环境保护信息化工程农村生态环境保护分系统的专项模块，建立项目信息直联直报和动态更新机制，完善“部级监管、省负总责、市县组织、村镇填报、逐级审核”数据报送管理机制，落实报送主体责任制。以现场培训与平台视频发布相结合方式，确保报送范围和填报口径宣传到位。严格数据审核校验流程，实现填报信息智能识别校验。创新数据展示方式，增加天地图等形式实现分区域多层次展示。在平台上定期发布农村生活污水治理成效信息作战图，为生态环境部对地方实施有效监管提供参考。

第五，借助大数据分析的技术手段，整合各类涉农信息资源，助力农村环境管理的精细化决策。在数据信息库建设中引入大数据分析方法，整合相关部委、地方政府以及社会数据进行开发与应用，在明确环境保护质量目标和最大限度平衡各项要素的情况下制定科学决策，研究探索建立跨地区跨部门联动和协同机制。

第二篇　农村生活污水治理

- 从相关政策、资金和技术侧发力　因地制宜推进农村生活污水治理
- 借鉴日本《净化槽法》科学有序推进农村生活污水治理
- 多措并举　破解净化槽长期稳定运行的“瓶颈”
  ——基于江苏省扬州市广陵区和常熟市净化槽建设运营现状调研
- 强化行业引导　开启农村生活污水治理规范化、专业化进程
  ——日本净化槽行业管理经验对我国的启示
- 构建污水治理设施及服务共享租赁模式　创新应对农村污水治理多样化需求
- 运用多元化市场模式解决农村生活污水治理设施长效运行问题
- 困扰农村生活污水治理设施长效运维的是资金问题更是管理问题
- 农村黑臭水体治理现状、问题及对策建议
  ——基于基层农村黑臭水体治理技术帮扶工作的思考

从相关政策、资金和技术侧发力　因地制宜推进农村生活污水治理

（陈颖　马涛）

【摘要】近年来，国家不断加大农村生活污水的治理力度，但在很多地方，农村污水横流现象仍然存在，不仅影响农民群众生活环境，也对水体造成污染，亟须建立有效机制加快治理。目前，治理设施建设严重不足、已建设施不能正常运行是农村生活污水治理的两大突出问题。原因主要有资金投入不足、技术标准体系不健全、运行管理机制不完善三个方面。我国农村自然禀赋和经济发展水平差异显著，浙江、湖南、重庆等省份探索建立了行之有效的技术模式和管理机制，为其他地区因地制宜开展工作提供了经验。解决农村生活污水治理难题，需要以问题为导向，从相关供给端发力。建议"十三五"期间，加大资金保障供给，提供技术和管理有效供给。在资金保障方面，实行农村环境治理专项行动，完善市场化运作机制，确保治理投入，降低设施运行成本。在技术和管理方面，建立农村生活污水治理技术模式清单，健全农村生活污水治理标准规范，建立农村环保工作责任清单，发展农村生活污水治理专业队伍，完善设施建设管理制度等，使农村生活污水治理逐步系统化、规范化和专业化。深化机制改革与创新，推动政府—企业—村民多元共治，解决农村生活污水治理难题。

一、我国农村生活污水治理的突出问题和原因分析

截至 2015 年年底，全国共完成 7.8 万个村庄的环境综合整治，建成生活污水治理设施 25.5 万套，直接受益人口 1.4 亿人，对农村生活污水治理发挥了积极作用。但总体上看，我国农村生活污水治理设施建设严重不足、运行效果有限，距离农民改善人居环境的愿望诉求和全面建成小康社会的目标差距较大。

（一）存在的突出问题

1. 农村生活污水产生量大，治理设施建设严重不足

目前我国农村常住人口为 6.0 亿，按照人均污水产生量 60 L/（人·d）估算（取值参照《村镇生活污染防治最佳可行技术指南（试行）》），农村生活污水年产生量约为 130 亿 t，相当于我国城市生活污水年产生量的 1/4。截至 2016 年年底，全国仅有 18%的建制村生活污水开展治理，而城市生活污水年处理率已经达到 92%。城市周边地区农村生活污水治理推进较快，但是距离城市较远的农村污水治理设施覆盖率较低，经济发达地区的污水治理率高、欠发达地区治理率低，如江苏省苏南地区，常州、无锡等城市周边农村生活污水处理率达到 80%，但是苏北地区农村生活污水处理率仅为 50%左右。在经济欠发达的贵州、江西、陕西、云南等地，污水处理率更低。农村生活污水横流，不仅造成农村地区“脏乱差”，也对流域生态环境产生影响。

2. 已建成设施不能正常运行，治理效果难以保证

一些地方农村生活污水治理设施正常运行率不高，即便是在东部经济发达的省份，农村生活污水治理设施“迎检运行”或是无法正常运行的现象也屡屡发生，甚至出现设施损坏、处理效果得不到保证，乃至出水水质差于进水水质的情况。某省环保部门 2015 年农村环境综合整治调查数据表明，已建成的农村生活污水治理设施，只有约 20%运转良好，其余 50%“迎检”运行，20%基本无法运行，10%因撤乡并镇、土地利用等原因已经拆除。

（二）主要原因分析

1. 生活污水治理资金不足，导致设施建设覆盖率低，运行维护缺乏保障，污水设施建不起或运行不起

（1）设施和管网建设投入不足。农村环境整治支持力度不断加大，由年度治理量看，整治过的建制村数量从 2008 年的 545 个增长至 2014 年的 1.3 万多个，年均增长速度约为 70%。2008—2015 各年度农村生活污水治理设施建设投入占总投入的 50%～55%，但是污水治理设施建设投入高、基础薄弱，目前仍然有 82%，即 48 万个建制村生活污水尚未得到治理。按照“十三五”规划平均每年整治 2.6 万个建制村计算，尚需 18 年。并且由于农村居住分散、管网建设投入高（有些地方管网建设费用是设施建设费用的 1.5～2 倍），配套管网往往滞后，导致治理范围有限。

（2）已建设施运行维护经费没有保障。运行维护资金主要由地方投入，对于财力较弱的地区，县、乡镇政府无力支付设施运行维护费用。以福建省南平市延平区为例，已建成 23 套农村生活污水治理设施，虽然采用费用较低的高负荷地下渗滤技术，但是单体设施年运行费至少 5 000 元，每年运行费高达十几万元。

（3）多元资金投入模式尚未建立。农村生活污水治理主要依靠国家和地方各级财政，2008—2015年通过农村环境综合整治项目建设的生活污水治理设施，政府投入占90%以上，其余由村镇自筹。由于农村生活污水治理收费制度仍未形成，投资回报机制尚未建立，市场主体培育不足，企业参与设施建设运营的积极性不高，社会资本投入十分有限，未能形成资金补充投入模式以弥补国家和地方财政投入的不足。

2．农村生活污水治理技术标准不完善、工程规划设计不合理，导致设施建设投入大、运行成本高，加剧了污水治理设施建设和运行的资金矛盾

（1）缺乏农村生活污水治理排放标准，参照城市标准治理成本较高。目前国家尚未出台农村生活污水治理标准，对农村生活污水治理要达到的效果没有明确要求。各地生活污水治理主要参照城镇污水治理标准，该标准对总氮、总磷指标要求高，小型分散式污水治理设施一般达不到该要求。2016年对各地已建设施抽样调查表明，128套污水治理设施中达到总磷、总氮指标要求的不足20%。目前除河北、宁夏、浙江等少数省份外，多数地区尚未发布地方标准。一些地区为保证农村生活污水治理效果，选择脱氮除磷效果较好的技术，建设和运行投入较高。严格的“一刀切”治理要求加剧了资金投入不足的矛盾，一方面造成了设施投入的浪费，另一方面也影响了污水治理设施的推广。

（2）现行技术政策和规范对技术模式的选取指导性不够，影响低成本技术的有效推广。自2008年以来，环境保护部和建设部在农村生活污水治理方面已经出台了6项技术政策、规范，为地方选择合理的技术模式提供了参考，但其在技术适用条件、工艺参数选择等方面缺乏可操作性和针对性，使得地方在面临多种技术时仍然难以决策和实施，容易为后期项目建设和运行埋下隐患。

（3）工程规划设计管理不到位，导致设施规模偏大或工艺不合理。由于各地情况差异较大，管理部门又缺乏对农村生活污水治理的经验，一些工程项目前期论证不足，导致后期问题较多。有的地方没有考虑到农村生活污水产生量少和人口流动性强等特点，按照户籍人口进行设计，使得设施规模偏大，抗冲击负荷差，不仅造成建设资金使用效率不高，也给后期运行带来负担，导致无法正常运转。

3．管理机制不健全，缺少专业化的管护队伍，导致设施得不到有效管理而出现运行异常

（1）已出台政策可操作性不强。目前国家在农村环保方面已发布多项政策，江苏、福建等地也出台了地方政策，对农村生活污水治理设施建设运行提出了要求，但是相关配套政策还不健全，对于县级及以下基层工作缺乏针对性指导。尤其是对于经济基础较差的地区，“运行维护资金从哪来”“人员队伍怎么配”“长效管护怎么搞”等问题还缺乏有力的政策支持。

（2）责任主体不明确。调研表明，农村生活污水治理涉及环保、住建、水利、林业、农业等多个部门，部门权责不清晰，部分地区农村生活污水治理的责任主体不明确，运行经费无保障，整治工作难以持续。在实际工作中，农村生活污水治理设施建成后属于国有资产，但具体产权归属不清，运行管理责任主体不明，设施处置方式不明。以福建省为例，90%以上村级污水处理站的运行管理责任主体是村委会，村委会作为群众自治组织，当治理设施管理不力或出现问题时，难以对其进行有效处罚和指导，从而形成推诿扯皮、管理失效等现象。

（3）缺乏专业化的管护队伍。一些农村地区的污水治理设施由村民进行简单维护，没有专业人员进行定期巡检，往往在运行两三年后，出现管路堵塞、水泵损坏等问题，由于管护没有明显收益，维护费用无着落，设施往往闲置。

二、农村生活污水治理经验及启示

（一）多地探索污水治理财政投入机制，确保政府基本投入

重庆市实施差异化补贴的污水治理政策，对于生态涵养发展区和生态保护发展区按40%、其余地区按 20%给予地方财政补贴，同时提高贫困区县乡镇环保机构运行补助，进一步减轻贫困区县财政压力。福建省漳浦县通过县镇村“三三三”制方式筹措资金，明确财政和自筹资金投入比例，确保设施运行维护资金有稳定来源。江苏省扬州市江都区在设施长效运行管理办法中，明确污水治理设施运行维护费用由区财政兜底，镇一级财政仅承担设施运转电费，同时区财政从每年提供的 240 万元建设资金中抽取一部分用于设施运行“以奖代补”，极大调动了乡镇政府对生活污水治理设施运行维护的积极性。重庆市、福建省漳浦县、江苏省扬州市江都区明确设施运行维护资金来源、细化补助方式，为农村生活污水治理提供了必要的资金保障。

（二）探索农村生活污水治理市场化机制，吸引社会资本参与设施建设和运营

重庆市政府专门成立重庆市环保投资有限公司，整合农村环境连片整治、三峡库区移民后续建设等资金，破解资金碎片化难题，盘活国家和地方财政投资的 100 多亿元农村生活污水治理资产，以特许经营、政府购买服务等市场化模式，统筹建设和运营全市农村生活污水治理设施。运用物联网等新技术和专业的物业化管理进行日常运维，提高精细化管理水平，并严格监督运维情况，解决了目前运行管理中存在的处理技术良莠不齐、运维成本高、专业化运维水平低等问题，使农村生活污水得到妥善处理。

（三）分类施治，推广生态化技术

福建省将农村生活污水治理与流域整治相结合，优先整治重点流域和农村小流域涉

及的村庄，以及重要饮用水水源地和重要湖区周边村庄。根据农村人口分布因村施策，对于镇区和集中建成区采取集中收集、统一处理，对于偏远地区和居住分散区采用分散型生态处理技术。

湖南省针对农民收入水平不高、居住分散等特点，采取分散收集、分散处理、就近排放的方式，将早期的“截留池、发酵池和贮粪池”三格化粪池升级为“三格净化池+小型人工湿地”的四格净化池，并进行全省推广。这种小型污水治理设施具有造价低、运行费用低、维护简单等特点，从源头减少高浓度粪尿进入环境，同时将处理后的污水还肥于田园，将农村生活污水治理与农村人居环境改善和农业发展有机融合，适应当地农民的生产生活方式，实现了农村生活污水治理设施“建得起、用得起、管得了”，从而确保污水治理设施持续运行。

（四）细化设施运维考核管理，建立长效管理机制

浙江省湖州市安吉县出台农村生活污水治理设施运行管理办法和考核细则，将运维管理分成终端设施运维和管网运维两部分，终端设施运维由第三方运维公司负责，管网运维由所在乡镇（街道）、村负责，细化了对第三方运维公司的考核内容，突出了对管网的运维管理，并纳入年底的乡镇（街道）生态文明考核中，形成了由县、乡镇、村、农户和第三方运维公司“五级联动”的农村生活污水治理长效管理机制，实现县乡村管理无缝对接，既发挥了农户的积极性和主动性，也确保了污水治理设施的专业化运营，使农村生活污水治理可持续进行。

三、加快推进农村生活污水治理的对策建议

解决农村生活污水治理难题，需要在相关供给端发力，以解决突出问题为导向，以满足农民群众改善人居环境的需求为目标，加强资金保障供给，提高技术和管理有效供给，确保农村生活污水得到根本性治理。

（一）加强资金保障供给

1. 采取农村环境治理专项行动，确保治理投入

加强农村生活污水治理是补齐小康社会短板的重要任务，是消除城乡公共服务均等化差异的重要体现。为确保必要的资金投入，建议实行农村环境治理专项行动，将农村环保纳入小康社会建设，与“三农”工作统筹推进。对于经济欠发达地区可提高中央财政的投入比例，应围绕重点饮用水水源地和环境敏感区开展农村生活污水治理，采用上下游生态补偿、以城带乡等方式支持设施建设，集中力量先行解决人口稠密的农村区域

污染问题，提高资金使用成效。对于经济较发达地区可适当减少中央财政的投入比例，鼓励地方财政和社会资金筹措方式，参考江苏、福建、重庆等省（市）经验，明确政府财政和村镇自筹资金的比例，建立稳定的污水治理资金投入渠道。

2. 完善市场化运作机制，降低设施运行成本

单靠政府财政资金投入，难以支持广大农村地区环境治理，需要不断深化完善财政政策，形成多元投入和长效治理的资金保障机制。为降低农村生活污水治理设施的运行成本，对农村生活污水治理服务增值税实行全征全返政策，对农村生活污水治理设施用电实行特殊的低价政策或补贴政策，以降低设施运行成本和费用支出。为吸引社会资金参与，在人口密集、污水产生量大、环境治理要求高的地区开展农村生活污水治理保障机制试点，推广重庆、浙江、湖南等省（市）经验，以县为单位，通过项目打捆、购买服务、PPP 模式等推进农村生活污水治理市场化运作，逐步推行农村生活污水治理付费机制。

（二）提高技术和管理有效供给

1. 建立农村生活污水治理模式和技术推荐清单，指导各地因地制宜推进治理

我国各地农村情况差异显著，农村生活污水治理受经济水平、人口密度、地形地势、气候资源等多方面因素影响，既不能“一刀切”，也不能“胡乱搞”，建议参考福建、湖南等省（市）经验，考虑地区差异，明确我国农村生活污水治理的基本模式和主要技术类型，推进农村生活污水集中与分散治理，提高污水资源化利用率。完善农村生活污水收集体系，将农村生活污水中的黑水（粪污）和灰水（淋浴、洗涤等污水）进行源头分类收集，优先进行资源化利用，采取城乡统筹、建管一体、厂网一体、供排水一体等方式，解决农村生活污水管网建设或收水问题。

对于南方水网密集、水质较差、人口集中的地区，宜采取污水集中收集处理，在城市周边的村庄加快城乡统筹一体化处理，在远离城市且人口聚居的村庄选择效果较好的活性污泥法等处理工艺。

对于北方和西部缺水或居住分散的农村地区，实施分散式和就地处理，采用化粪池处理工艺，或与人工湿地联合处理的组合工艺，促进生态环境的整治美化。

2. 健全农村生活污水治理标准规范，提高针对性和可操作性

农村生活污水治理服务的对象是经济相对欠发达的农村地区，要考虑农民群众的生活习惯，因此要因地制宜，加强技术应用指导。针对农村生活污水治理“五花八门”或沿用城市治理思路的乱象，制定农村生活污水治理实用技术名录和分区分类技术政策、规范，研制和推广适合我国农村地区的分散式污水治理标准化设备。出台适合农村生活污水治理设施的排放标准，简化控制指标，指导地方提高农村生活污水治理项目规划建

设的规范化水平，为后期长效运行奠定基础。

3. 建立农村环保工作责任清单，明确管理职能定位

为扭转农村生活污水治理多头管理、职责交叉的局面，厘清职责、捋顺关系，建议成立由各有关部门参加的农村生活污水治理会商协调机制，建立农村环保工作责任清单，确保治理任务的下达和完成无缝对接。相关部门按照责任分工，履行以下职责：一是加强农村生活污水治理的组织领导，以农村环境综合整治为抓手统筹推进和监督管理，加强政策引导、规划指导、目标考核、监督执法，确保治理效果；二是加强生活污水治理城乡统筹建设，对技术选择、模式推广、项目建设、设施运行进行指导，提高规范化和专业化水平；三是加大对农村生活污水治理的宣传力度，发挥村民自治组织作用，引导村民履行责任与义务。

在省、市级人民政府指导下，县级人民政府可成立县农村环境综合整治项目机构，整县推进农村生活污水治理，负责制订治理规划，加强监督检查，确保目标任务有效落实；乡镇协助监督管理，对项目设计、建设施工和运营服务进行规范化管理。将环保纳入村委会自治管理范围，明确村民责任与义务，吸引群众参与污水治理设施建设和监督管理，自上而下形成责任明晰的管理体系。

4. 发展农村生活污水治理专业化队伍，提高技术水平

为解决农村生活污水治理工程建设和运行队伍良莠不齐的现状，提高专业化服务水平，应加强市场监管和技术帮扶。严格农村生活污水治理市场技术准入，选择有实力的第三方治理企业以整县打捆的方式进行农村生活污水治理设施的统一建设和运营管理。建立农村生活污水治理专家支持机制，由各级政府建立专家库，并向有需求的县市派遣专家，培养壮大基层技术力量。

5. 完善设施建设和运行管理制度，确保治理效果

规范化的管理是政策落地和设施长效运行的重要前提，因此需要推动各地落实国家已出台的文件，加强对农村生活污水治理的规划、建设、运行等主要环节的链条式、规范化、系统性管理。加强各地农村生活污水治理实施方案的科学编制和论证，结合当地经济社会条件和受纳水体环境容量，按照源头减量、经济可行、环境适宜的原则，因地制宜选取处理技术和模式，加强方案可行性分析和中后期检查评估。按照农村小型公益性基础设施建设有关要求，规范项目征地、招投标、工程建设、运行各环节，明确设施产权归属。委托第三方企业负责建设和运维，统筹实施农村生活污水治理，强化绩效考核，使相关方利益共享、风险共担。鼓励经济发达地区创新管理模式，探索搭建农村生活污水治理设施管理信息平台，将分散的设施集中管理，进一步提高系统化管理水平。江苏、浙江、福建、湖南、重庆等省（市）已经探索出了一些经验，应该加快推广。

借鉴日本《净化槽法》科学有序推进农村生活污水治理

（陈颖　王亚男　贾小梅　马涛）

【摘要】推进农村生活污水治理是改善农村人居环境、打好农业农村污染防治攻坚战的重要任务。2017 年以来，中日友好环境保护中心深入研究日本《净化槽法》及其配套法规政策的制定过程和实施效果，探索适宜我国的农村生活污水治理模式和管理体系。研究表明，建章立制是解决农村生活污水治理难题的首要工作；各司其职、统筹推进是实现农村生活污水治理体系化管理的关键；企业和农民发挥作用是推动农村生活污水长效治理的驱动力。建议：一要健全农村生活污水治理管理制度和技术标准体系，尽快出台国家《农村生活污水治理管理指南》《农村生活污水治理规划编制技术导则》，制（修）订农村生活污水治理设施产品标准和工程技术规范，提高农村生活污水治理的系统性和科学性；二要落实各地政府责任，建立城市反哺农村的农村生活污水治理促进机制，将农村生活污水治理纳入城乡生态环境综合整治工作统筹推进，突出重点地区农村生活污水治理工作的监督考核，加大省市两级政府对农村生活污水治理的财政支持和技术帮扶力度，提高县级政府农村生活污水治理能力；三要完善政府主导、市场运作、农民参与的农村生活污水治理保障机制，建立财政支持与农民收费互补的资金支持制度，健全市场监管机制，充分发挥企业和农民作用，实现农村生活污水可持续治理。

日本生活污水治理的人口普及率约为 90%，主要污水处理方式包括下水道处理、农业村落排水设施集中处理和净化槽处理三种。截至 2016 年年底，日本生活污水通过下水道处理的占 87%，通过净化槽处理的占 10%，通过农业村落排水设施集中处理的占 3%，实现了农村地区生活污水的有效治理。其中，城市污水治理主要依据《下水道法》，农业村落排水设施集中处理和净化槽处理则依据《净化槽法》。自 1985 年 10 月日本《净化槽法》正式实施以来，在推广净化槽污水处理方面发挥了关键作用。通过深入研究《净化槽法》及其配套法规政策，可为我国现阶段规范和推动农村生活污水治理工作提供有益借鉴。

一、日本农村生活污水治理法规政策体系的特点

日本通过实施《净化槽法》及其配套法规政策，明确了各方权责、运行管理和资金保障制度，推动了市场规范化发展，为日本农村生活污水治理创造了良好的政策环境。

（一）以《净化槽法》为核心建立农村生活污水治理法规政策体系

日本的《下水道法》和《净化槽法》两大法律体系明确了城市下水道处理、农业村落排水设施集中处理和净化槽处理三种处理方式的实施范围、实施主体及处理对象。其中，农业村落排水设施集中处理是指用于农村地区的小型集中式生活污水处理系统（规模以 5～500 m^3/d 为主），通过下水管网收集农业村落各个家庭排放的污水，进行集中处理。净化槽处理主要指以家庭为单位的小型一体化污水治理设施（规模以 5 m^3/d 以下为主），对难以接入管网的偏远农户进行污水分散处理。《净化槽法》涵盖农村集中和分散污水治理设施的建设、运行和管理规定，成为日本农村生活污水治理法律法规的核心。为推动《净化槽法》实施，日本还配套出台了《净化槽法施行规则》《净化槽构造标准及解说》《农业村落排水设施设计指针》，各都道府县也出台了相应的地方法规和标准等，对净化槽及农业村落排水设施的规划、建设、运行和维护等方面做出了详细规定，明确了国家相关部门、地方政府、设施使用者和运行维护机构及人员的责任和义务，为有序推进和科学治理农村生活污水奠定了基础。

（二）通过污水治理排放标准与设施技术标准分类提出管控要求

日本的生活污水实施城乡一体化管理，目前没有单独制定农村生活污水治理排放标准。但是，根据治理规模和所处区域，提出了不同的污水治理要求。对治理规模达 50 m^3/d 以上的农业村落污水治理设施，按照统一的排水标准执行；对规模低于 50 m^3/d 的农业村落污水治理设施，按照小规模生活污水治理设施管理，仅监测 BOD 和 SS 两项指标，大大简化了污染物排放监测工作；对封闭水域的污水治理设施，则制定特定地区水体污染物治理排放标准，提高氮磷治理要求。针对净化槽治理设施，专门制定了《合并治理净化槽结构标准》，明确净化槽结构性能和出水水质要求，提出在不同治理工艺参数条件下，BOD、COD、TN 和 TP 浓度应达到相应的标准。值得一提的是，通过规定净化槽设施性能参数、加强产品质量控制，不仅确保了治理后的污水水质，而且减少了管理部门对数量巨大且布局分散的净化槽进行出水监测的压力。

（三）由政府统筹规划农村与城市生活污水治理

日本的生活污水治理由国土交通省、农林水产省和环境省三个部门共同管理，其中国土交通省负责城市和特定保护区域下水道排水，农林水产省负责农业振兴地区的村落集中排水，而环境省则负责其他未规划区域的分散农户污水治理。2014 年，国土交通省、农林水产省和环境省联合要求，以都道府县（相当于我国的省、自治区和直辖市）为单位编制生活污水治理项目推进计划（即都道府县污水治理构想），统筹建设下水道排水、农业村落排水和净化槽治理设施，原则上每 5 年制定一次。都道府县根据地区实际情况，在与市町村（相当于我国的城市和乡镇）协商的基础上，确定基本方针，选择高效合理的建设方式，划分集中和个别治理的区域，明确建设和运营管理办法，制订污水治理设施建设计划。都道府县污水治理构想制度明确了以地方政府作为生活污水治理的主体，基于整个地区的发展需要，对农村与城市生活污水治理进行统筹规划，防止重复和分散建设，提高了资源利用效率。

（四）建立各方责任明晰的净化槽管理体系

针对净化槽的安装运行，通过《净化槽法》明确上至各主管部门下至家庭的各方责任。环境省制定净化槽排水水质方面的技术标准，以及维护检修技术标准、清扫技术标准等。国土交通省则负责制定净化槽施工方面的技术标准，认定净化槽工厂所制造的净化槽型号，委托认定评价机构对净化槽性能进行评价测试。都道府县负责出台地方标准和管理规定，接受净化槽安装和改装申请，对净化槽安装和从业人员进行登记认定，委托水质检查机构进行检查等。市町村负责净化槽的清扫管理，委托专业机构定期清理和处置污泥等。安装净化槽的家庭，不得将杂排水直接排放至公共水域等，除特殊规定外，不得安装除净化槽以外的设施等。日本的净化槽安装、运行和维护各环节管理有机衔接，确保了污水治理的有序推进。

（五）强化技术指导和市场监管，推动净化槽产业良性发展

为严格执行《净化槽法》，日本环境省颁布了一系列净化槽法实施规则，明确了净化槽施工技术标准、使用准则、维护检查技术标准和清扫技术标准等。净化槽的施工人员、清扫工作人员、安装师、管理师都必须注册登记，通过培训和考试，获得资格方能从业。在法规约束和技术体系指导下，日本的净化槽制造及服务业发展迅速，形成了集生产、安装、运行、检查等环节的完整的产业链。截至 2016 年，日本已有 65 家指定检查机构、12 435 家维护检修企业、5 291 家净化槽清理企业，实现了净化槽技术服务的专业化、市场化发展，也大大减轻了日本政府在净化槽日常管理技术指导方面的压力。

（六）针对设施安装和运行管理分别设置资金筹措制度

安装费用以中央和地方政府补贴为主。日本环境省陆续出台了《净化槽设置安装建设事业》《市町村净化槽安装建设事业》制度，家用小型净化槽和市町村净化槽的安装费，分别由政府补贴 40%和 90%。其中，中央政府提供 10%～33%的补贴，不足部分由地方财政或通过发行地方债券进行筹集，受益农户也承担部分安装费用。加上补贴后，净化槽使用者负担的平均费用基本上不超过公共排水系统使用者每月所缴纳的排污费。

运行管理费用以用户付费为主、基层政府补贴为辅。净化槽运行管理费不属于中央财政补贴对象，主要来自用户缴纳的使用费。不足部分再由市町村的预算负担，最高每户每年给予 3 万日元（约 1 800 元人民币）的补助金。用户支付运行管理费体现了“谁受益、谁付费”的原则，不仅减少了地方财政的负担，也提高了用户的责任意识。

二、日本经验对我国的启示与建议

日本自 20 世纪 70 年代就已开始进行农村生活污水治理，我国在 21 世纪初期才开始，起步较晚。中日在行政管理体制、地区差异和经济发展水平等方面差别较大，但是农村生活污水治理布局分散、单体规模小、起步滞后于城市是共性特征。从日本农村生活污水治理的管理体系来看，可供我国借鉴的经验主要有以下三个方面：

（一）建章立制是解决农村生活污水治理难题的首要工作

日本以《净化槽法》为核心健全配套法规政策标准，建立了责任分工体系、技术标准体系和资金保障制度，有力推进了日本净化槽污水治理设施的建设和运行。在法律法规约束下，各级政府分级统筹，政府、机构、企业和个人全程合作，确保日本农村生活污水治理的有序开展。我国近年来各地农村生活污水治理工作虽然取得了一定成效，但是污水治理规划建设不合理、已建设施“晒太阳”等问题仍然不在少数。当前由生态环境部承担农业农村污染治理统一监督指导的职能进一步明确，应强化农村生活污水治理工作的系统化开展。

建议：针对重要环节强化建章立制，指导各地依法依规、科学务实地治理农村生活污水，提高污水治理设施的正常运转率。一是尽快出台国家“农村生活污水治理管理指南”，明确基本原则和总体要求，提出农村生活污水治理规划、建设、运行维护和监督管理要点，明确各级政府、农民、建设和运维单位的责任义务，加强对各地治理工作的系统性指导。二是制定国家“农村生活污水治理规划编制技术导则”，就各地区如何进行治理现状调查评估，如何与相关规划相衔接、合理确定布局和规模、因地制宜选择治理模式等方面加强技术指导，确保规划编制实施的科学性。三是进一步规范农村生活污水治理设施建设，分类制（修）订农村生活污水治理设施标准和工程技术规范，确定各类设施、技术的使用范围、性能参数和治理效果，提高农村生活污水治理的专业化水平。

（二）各司其职、统筹推进是实现农村生活污水治理体系化管理的关键

日本在国家层面，主要制订污水治理基本方针和原则，出台技术标准和规范，指导各地因地制宜治理生活污水。地方政府有较强的自治权和管理能力，通过制定地方污水排放标准、编制区域污水治理规划，统筹实施城市和农村生活污水治理。同时，中央和地方财政对农村生活污水治理分别给予精准补贴，予以必要保障。上下责任明晰、有机衔接，既明确基本要求，也突出地区差异性，使农村生活污水治理能够科学合理地推进。

建议：落实地方各级政府责任，建立城市反哺农村的农村生活污水治理工作推进机制。一是通过中央环保督察和生态环境部联合各部门的督导工作，督促地方政府落实责任。对生态环境敏感、水环境污染等问题突出的重点地区，加快推进农村生活污水治理，明确主要考核评估内容和指标，即重点地区农民聚居点的生活污水治理率提升情况、已建设施正常运转率、农村生活污水治理资金投入和运行管理保障机制。二是将农村生活污水治理纳入城乡生态环境综合整治工作统筹推进，省市两级政府在管理技术和资金投入上加强对县级政府的支持和帮扶。省级出台农村生活污水治理排放标准，市级政府统筹编制城乡生活污水治理规划，省市两级财政加大对农村生活污水治理的投入力度，健全城市反哺农村的农村生活污水治理工作推进机制，实现城市和农村生活污水治理在体系设计和资金投入上的融合，提高管理和资金利用效率。三是明确县级政府建设和运行生活污水治理设施的具体责任，提高基层农村生活污水治理能力。在省市有关部门的支持和指导下，县级政府因地制宜开展污水治理工作，细化农村生活污水治理实施方案，健全已建设施长效运行管理制度，组织镇村分类别、分阶段完成治理目标。

（三）企业和农民发挥作用是推动农村污水长效治理的驱动力

农村生活污水治理任务重、收益低、技术性强，公益属性十分突出。日本经验表明，实现农村生活污水治理体系可持续运作的前提是建立合理的投资回报机制，农村生活污水治理设施的建设运行应由政府主导、市场运作，吸引和规范企业进行规模化、专业化治理。同时，农民作为污水治理的直接受益者，有必要适当付费，强化责任意识，缓解设施长效运行带来的财政压力。

建议：进一步完善政府主导、市场运作、农民参与的农村生活污水治理保障机制。

一是建立财政支持与农民收费互补的农村生活污水治理资金支持制度。在纳入城市污水管网或建设农村生活污水治理设施的城市近郊区、村镇规划区内的村庄，将农村生活污水治理与水资源利用相挂钩，首先推广农村生活污水治理收费制度，将生活污水处理费包含在水费内进行合理征收。充分发挥村民自治组织作用，征求村民意见，确定污水处理费的征收标准，不足部分由地方财政兜底，保障农村生活污水治理设施长效运行。二是健全促进产业健康发展的市场监管机制。相关部门明确对农村生活污水治理系统建设和设施生产的监管要求，强化农村生活污水治理系统建设的工程监理制度，探索农村生活污水治理设施产品和运行管理服务的认证制度，加强农村生活污水治理项目招投标、施工和验收的规范化管理，推动农村生活污水治理行业的良性竞争和专业化发展。

多措并举　破解净化槽长期稳定运行的“瓶颈”
——基于江苏省扬州市广陵区和常熟市净化槽建设运营现状调研

（贾小梅　董旭辉）

【摘要】净化槽源于日本，迄今为止已成为日本分散式生活污水治理最为成功的技术，具有占地小、抗冲击能力强、污染物去除效率高等优点。目前，江苏等部分经济发达地区分散式农村生活污水治理尝试使用净化槽技术，个别地区探索推进净化槽技术规模化应用。在净化槽技术“零星”示范的扬州市广陵区和整域（整县）推进的常熟市，净化槽设施投运率均高于90%，部分地区净化槽设施建设运维管理形成了一些好经验好做法，但净化槽应用仍普遍面临布局不合理、施工质量差、运行维护监管不到位、资金投入不足、设施保护难度大等问题，成为其长期稳定运行的制约因素。针对上述问题，建议以保障净化槽设施有效运行为核心，加强农村生活污水治理设施管理制度体系的建设。一是强化规划先行，统筹推进农村生活污水治理规划；二是因地制宜，建立覆盖设计、施工、验收、运维及停运等在内的全生命周期的净化槽设施管理制度；三是以物联网等新技术为依托，提高净化槽设施监管能力；四是创新资金使用方式，提高净化槽设施建设运维资金使用效率；五是深化宣传教育，通过多样化、个性化、差异化的宣传教育，促进村民参与净化槽设施建设、运维和监管。

自1969年日本颁布《净化槽构造标准》以来，净化槽技术在日本已经推广使用近50年，运行设施数量达860万台，是日本采用最广泛的农村分散式污水处理技术。为了解净化槽技术在我国的推广使用现状，2018年6月、7月，环境发展中心先后赴江苏省扬州市广陵区和苏州市常熟市进行专题调研，重点了解两地在净化槽技术应用中的经验和困难，希望为推动一体化分散式农村生活污水治理提供借鉴。

一、净化槽在我国的建设及运行现状

目前，我国已购置日本净化槽 31 000①多台，主要分布在苏南地区、上海崇明岛等地。其中，上海崇明岛自 2017 年开始规模化建设净化槽；江苏太湖流域及周边地区自 2000 年开始尝试引入净化槽技术，2013 年之后出现规模化应用。调研发现，江苏省大部分地区净化槽设施建设没有形成规模，仅有个别地方净化槽设施建设具备了一定规模，如扬州市广陵区、苏州市常熟市。

扬州市于 2013—2016 年进行了小规模“零星”试点示范，广陵区 2 个乡镇 9 个行政村先后试点建设了 186 台 1 m^3/d 净化槽，目前投入运行的有 172 台，设施运行率达 92%。由于试点建设的净化槽未接入化粪池排水，生活污水中污染物浓度偏低。历年设施抽检监测数据显示，净化槽进水和出水中化学需氧量（COD）浓度分别为 12.1～76 mg/L、8～56 mg/L，氨氮（NH_3-N）浓度分别为 0.2～4.0 mg/L、0.2～3.1 mg/L。虽然 COD 和 NH_3-N 均能实现达标排放，但由于进水水质和排水水质差别不大，净化槽处理生活污水的效能未能有效发挥。整体上扬州市广陵区投运的净化槽对污染物的减排效果不明显，通过对受益村民的走访，村民反映没有感受到周边地表水体水环境的改善。

常熟市整县推进净化槽技术。2015—2017 年，先后分两期在全市 783 个自然村配套建设 11 421 台净化槽，包括 1 m^3/d、2 m^3/d、5 m^3/d 和 10 m^3/d 四种规格。目前投入运行的净化槽有 11 097 台，设施运行率达 98%。与扬州市不同，常熟市的农户化粪池废水均接入净化槽。定期监测数据显示，净化槽进水 COD 浓度为 12～638 mg/L，其中，15%的 COD 浓度值高于 205 mg/L②，75%的 COD 浓度值超标；出水 COD 浓度为 10～257 mg/L，其中 COD 浓度超标率不足 6%。进水 NH_3-N 浓度为 0.2～194 mg/L，其中 20%的 NH_3-N 浓度值高于 50 mg/L③，71%的 NH_3-N 浓度值超标；出水 NH_3-N 浓度为 0.07～112 mg/L，其中 NH_3-N 浓度超标率为 9.6%。整体上常熟市投运的净化槽对生活污水中污染物的减排效果明显，受益村民也普遍反映家门口的河道逐渐变清了。

① 数据由久保田环保科技（上海）有限公司提供。

② 参考《村镇生活污染防治最佳可行技术指南（试行）》（HJ-BAT-9）表 2 生活污水（黑水、灰水的混合水）COD 浓度 205 mg/L。

③ 参考《村镇生活污染防治最佳可行技术指南（试行）》（HJ-BAT-9）表 2 生活污水（黑水、灰水的混合水）NH_3-N 浓度 50 mg/L。

二、试点地区净化槽应用存在的问题

现场调查发现，目前净化槽设施在建设及运行过程中普遍存在布局不合理、施工质量差、运行维护监管不到位、资金投入不足、受益农户参与建设管理的主动性不强，导致净化槽没有发挥实际效能。其中小规模及未形成规模的地区尤为突出。

（一）设施建设布局不合理

目前江苏省绝大部分地区生活污水治理设施及管网建设仅细化到县城及城市污水治理设施能够覆盖的乡镇。非整县推进地区的净化槽建设由于缺乏专业指导，各乡镇在工程招标时无法合理估算工程费用，中标单位以低价中标。施工时，中标单位根据现场情况、工程预算等临时确定工程内容，工程建设随意性强，带来诸多问题。一是部分净化槽选址与城市发展规划或新农村建设矛盾，先建后拆浪费财政资金。二是部分净化槽排水口设置随意，影响净化槽运行。一些地方净化槽排水口设置在设施附近道路旁洼地，排水口为临时开挖的小坑，处理后的污水主要依靠自然蒸发和下渗排放。雨季或自然蒸发和下渗缓慢的情况下，净化槽内的污水无法及时排出，设施被污水浸泡，不能发挥作用。在没有前期统筹规划布局的情况下，农村生活污水治理设施在设施选址、排水口设置等方面存在诸多隐患。

（二）建设施工质量差

农村生活污水治理设施建设主要由政府主导，而基层政府缺少工程建设及管理专业人员，导致净化槽设施建设施工质量不佳。突出表现在以下两点：一是部分工程竟成“豆腐渣”工程，净化槽难以发挥实际作用。一些地区净化槽主体构筑物、风机基座、污水收集及排放口设置均存在质量问题。净化槽主体构筑物出现不同程度的皲裂、地基沉降等问题。广陵区一些乡镇已建净化槽主体水泥框架构筑物表面存在裂缝，部分严重皲裂的水泥板可直接掀起；构筑物地下主体工程质量不合格，造成地基沉降，潜在威胁到净化槽进水口、排水口及新风入口等连接环节的密闭性；部分风机基座存在沉降现象，风机底座与构筑物不能紧密贴合，导致风机运行噪声偏大，风机送风口与净化槽槽体的对接口偏移，影响处理效果。二是净化槽设施来水集水井及管网接缝处防渗和密闭措施不合格，导致地下水、雨水渗入稀释了生活污水。设施建设的规范程度决定了农村生活污水治理设施建设的成败。农村地区净化槽的建设分散且数量大，管理比较困难，每个施工点的施工建设过程很难做到全程监控。如不从前期的设计、施工环节统一管理，建设质量难以控制。

（三）运行维护监管不到位

净化槽设施建设地点分散，相关主管部门全面监管难度大，加之农村生活污水治理普遍存在重建设轻管理的问题，设施管理制度不完善，导致净化槽后期运行维护监管不到位。扬州市广陵区净化槽项目由各乡镇负责申报实施，因工程质量、进出水水质等问题，设施产权无法顺利由政府主管部门移交至各乡镇，目前全部由广陵区环保局代管，并承担监管职责。为保障各设施正常运行，广陵区环保局委托第三方公司对农村净化槽进行运行维护，双方签订的合同虽然对服务频次提出明确要求，但是具体购买服务的内容比较笼统，无清晰的服务清单。第三方服务机构在日常运行维护巡查中没有及时反馈设施存在的问题，使日常运行维护流于形式。净化槽设施不同于城镇污水处理厂，进水水量、水质变化较大，对设施、设备的工艺运行管理要求较高，运维单位专业能力有待提高。目前国内对净化槽的运行维护尚没有形成规范专业的指导文件，日本净化槽运行维护手册是否能够直接在国内使用还有待研究，常熟市和广陵区净化槽运行维护人员只能在实际工作中边摸索边总结，技术能力和管理水平有待提高。农村生活污水治理“三分建设、七分管理”。净化槽要实现制度化、常态化运行维护管理，最基础的工作就是构建好运行维护管理制度，让政府、企业各归其位、各显其能、共聚合力。

（四）资金投入不足

农村生活污水治理方面资金投入量和投入渠道较少，资金保障不足，这一现象较为普遍。以扬州市为例：一是农村居民缴纳的生活污水处理费未用于支持农村生活污水治理。农村自来水价为 3.5 元/t，其中包含 0.8 元/t 的生活污水处理费。农村地区缴纳的生活污水处理费未用于农村生活污水治理设施建设。同时，因已经缴纳了生活污水处理费，不能再向受益农户收费，导致净化槽后期运行无经费保障。二是建设阶段地方财政配套资金在资金总额中的占比较低。扬州市广陵区 9 个试点行政村获得中央财政资金 70 万元/村，区政府配套投入 10 万元/村，总投入 720 万元用于建设净化槽设施，地方财政配套资金仅占 12.5%，远低于江苏省农村环境综合整治配套资金占比均值①。

（五）受益农户参与建设管理的主动性不强

各地建设的净化槽因产权不属于各村和农户，受益农户对净化槽的保护意识普遍不强。农户随意侵占设施用地、堆放杂物、种植农作物现象突出，偷盗净化槽风机等

① 根据 2008—2016 年农村环境综合整治项目江苏省资金情况统计，江苏省地方配套资金在总资金中的占比达 60%，高于中央财政资金总额。

辅助设施的现象也时有发生，房屋翻建、村庄整治等频繁毁损污水管网。以常熟市一期工程为例，净化槽建成后，因上述原因导致的设施毁损量就高达 324 台，毁损率为 5.2%。

三、保障净化槽长期有效运行的对策建议

净化槽在农村生活污水治理工作中的应用是一项复杂的系统工程。在当下不具备立法推动净化槽设施建设的前提下，当务之急是要以保障净化槽设施长期有效运行为核心，加强农村生活污水治理设施管理制度的建设，以强规划、补制度、严监管、提效率等政策措施为基本框架，构建科学有效的净化槽设施管理制度体系。

（一）强化规划先行，统筹推进农村生活污水治理规划

一是加强包括农村生活污水治理规划在内的县域规划编制或修编情况调度，督促指导农村规划管理。二是各省（区、市）应以县（市、区）为单位，深入细化污水治理专项规划，坚持城乡、区域统筹，完善生活污水治理专项规划或计划，充分考虑社会发展状况、自然环境、土地利用、农村社区建设等因素，以经济比选结果为基础，选择接入城镇污水管网或分散治理模式，明确治理目标、时序、措施等。鼓励有条件的地区推行城乡污水治理统一规划、统一建设、统一运行、统一管理。常熟市通过制定全域农村生活污水治理规划，打破了镇村行政区划，明确了农村集中和分散式生活污水治理的区域，为政府部门合理估算净化槽投资、制订治理计划、建设要求提供了科学依据，取得了显著成效。

（二）因地制宜，建立覆盖设计、施工、验收、运维及停运等在内的全生命周期的净化槽设施管理制度

一是尽快出台指导农村生活污水治理设施规范化建设的文件，推动各地落实农村生活污水治理设施全生命周期规范化、标准化、专业化管理。常熟市在总结早期农村分散式生活污水治理设施建设运营经验的基础上，于 2015 年起将县域内分散式农村生活污水项目整合，采用特许经营的商业模式，依托企业实现净化槽建设的“专业化、规范化、标准化、精细化”，有效规避了政府在建设环节的不专业、承包商自由裁量权过大等问题。建议以常熟市为试点，开展净化槽全县规模化应用的综合评估，加强常熟净化槽治理模式总结和推广。二是推进净化槽管理体系的建设统筹规划、立项、施工方案设计、施工质量控制、设备移交、日常运维人员、停运报废申报等全流程管理。加快制定《净化槽施工技术规范》《净化槽日常运行维护指南》《农村分散式污水治理设施保护和运行管理

办法》等文件，指导净化槽建设、运行维护。三是探索建立净化槽施工、运行环节技术人员的专业资格培训制度。四是鼓励有条件的地区，积极探索完善以净化槽为代表的农村生活污染治理设施环境管理制度。

（三）依托物联网等新技术，提高净化槽设施监管能力

加快出台指导各地规范农村生活污水治理设施监管的文件，推动各地依托第三方机构开展设施监管工作。鼓励利用物联网技术创新监管模式和方法。建设和运行维护由同一单位承担的净化槽设施，应重点关注后期运行维护的监管；建设和运行维护由不同单位承担的净化槽设施，除关注后期运行维护的监管外，还应强化净化槽设施及配套工程建设质量监管，保障净化槽设施建设与运行维护顺利交接。采用了净化槽技术的地区，要因地制宜制定《净化槽设施运行监管办法》《净化槽设施运行管理考核办法》《净化槽设施现场检查技术规程和评判标准》等，规范净化槽设施运行维护监督管理。常熟市针对政府监管能力严重不足的问题，明确政府“裁判员”职责和角色，不断完善净化槽设施监管、运行考核制度和标准要求，通过物联网技术强化监管实效，推动第三方机构开展规范的运行维护，有效保障了净化槽长期稳定运行。

（四）创新资金使用方式，提高净化槽设施建设运维资金使用效率

一是鼓励地方各级政府创新资金投入方式，充分发挥政府投资撬动作用，提高资金使用效率，有效保障以净化槽为代表的农村环境基础设施设计、建设、验收、运行维护资金投入。常熟市针对全县推进建设净化槽资金需求量大、依靠财政资金一次性投入到位较为困难的问题，充分依托社会资本解决了净化槽设施设计、建设等方面资金投入的问题，通过延长政府支付周期，完善城乡污水治理收费及财政资金帮扶机制，统筹解决农村生活污水治理资金，有效保障了净化槽建设运维的资金供给，提高了财政资金的使用效率。二是推动面向农户家庭的净化槽设施建设资金来源等信息的公开。在收取了污水处理费的地区，要探索完善农户农村生活污水处理费缴纳及财政补贴信息公开制度，调动农户的“主人翁”意识，提高农户参与生活污水治理及日常运行维护管理的积极性。三是暂不具备收取污水处理费的农村地区，县级地方人民政府作为资金使用主体，负责组织行政区划内农村生活污水治理设施的设计、建设和验收，承担资金统筹使用的责任，引导农户积极参与净化槽日常维护管理。

（五）深化宣传教育，通过多样化、个性化、差异化的宣传教育，促进村民参与净化槽设施建设、运维和监管

一是依托建成的净化槽设施，鼓励第三方机构和政府合作建设一批宣传教育点，使

农民能够亲身体验环境保护的成果，引导农民改变生活方式。二是充分发挥农村稳定、良好的人际关系优势，巩固农村自治文化，让农村社区“人际惩罚机制”的传统约束力在环境治理中继续发挥作用。三是重视社区能人、贤人在农村集体中的带头作用，积极开辟渠道让农村社区能人、贤人深度参与净化槽设施监管，推动农民在净化槽设施建设、运维和监管过程中知情权、参与权和决策权的落地见效。通过“政府主导”+“企业参与”+“村民自治”，充分发挥三方优势，推动形成人人参与净化槽设施建设、运维和监管的良好氛围。

强化行业引导　开启农村生活污水治理规范化、专业化进程

——日本净化槽行业管理经验对我国的启示

（贾小梅　赵芳　董旭辉）

【摘要】党的十九大以来，国家大力实施乡村振兴战略，推动农村人居环境质量改善。农村生活污水治理作为改善农村人居环境的重点工作之一，其主要内容已经从是否需要治理农村生活污水、如何开展治理、采用何种技术治理，转变为如何才能治理好、如何治理得使老百姓有获得感。目前，农村生活污水治理领域的三个突出问题，成为阻碍农村生活污水“治得好”的硬骨头：一是农村生活污水治理技术“多”而“杂”，参与治理的企业“散”而“乱”，行业发展不成体系，导致农村生活污水治理效率低、设施运营效果差。二是2018年之前农村生活污水治理工作由各部门分头推进，项目信息和资金情况没有实现共享和公开，农村生活污水治理重复建设、无效建设屡见不鲜，农村生活污水治理设施“晒太阳”问题突出，造成资金和设备浪费，未取得应有的成效。三是基层农村生活污水治理专业技术和管理人才供给严重不足。

日本与我国同属东亚传统的小农经济国家，其农村生活污水治理已经实施70余年，基本实现应治尽治。系统研究日本农村分散式生活污水治理行业管理经验发现：日本通过在硬件标准化方面，以净化槽设施标准化结构为基础，不断提升净化槽产品的技术水平；在软件全流程管理方面，以改善水环境质量为核心，建立完善的净化槽设施管理体系；在推广普及方面，以净化槽设施有效运行为基础，构建完善的技术培训体系，促进净化槽推广普及，既推动农村分散式生活污水治理向规范化、专业化方向发展，又大大提高了政府行政效率。相比日本，我国农村生活污水治理市场体量巨大。农村生活污水治理即将从攻坚战转为持久战，借鉴日本对净化槽行业管理的成功经验，我国政府应未雨绸缪，旗帜鲜明地加强农村生活污水治理行业引导，促进农村生活污水治理市场平稳健康发展。针对我国农村生活污水治理现阶段的问题，提出以下三点对策建议：第一，借助国家生态环境科技成果转化综合服务平台，建立健全农村生活污水治理设施标准和

性能评价制度，加强农村生活污水治理行业引导，推动农村生活污水治理行业向规范化、标准化方向发展。第二，完善农村生活污水治理部门协调机制，推动农村生活污水治理项目与改厕、改水工作实现“一张图、一张表、一套说明”，突出规划引领作用，推动基层政府因地制宜建立符合当地特点的污水治理技术路线和模式。第三，建立分级分类的农村生活污水治理技术培训制度，推动农村生活污水治理行业人才队伍梯队化建设，保障污水治理形成设施既能有人管、又能管得好的可持续发展模式。

日本自20世纪50年代首次明确净化槽结构以来，经过长达近70年的实践，围绕净化槽逐步建立起以硬件（产品开发）、软件（管理机制）及推广普及三要素为核心的行业管理体系，推动农村生活污水治理实现应治尽治。近年来，我国农村生活污水治理虽然取得了一定成效，但政府对行业的引导和培育不充分，导致农村生活污水治理呈现市场效率低、持续开展污水治理的后劲不足等问题。系统研究日本净化槽行业管理的成功经验，对于提高我国农村生活污水治理市场化水平、提升农村生活污水治理效率具有重要现实指导意义。

一、日本净化槽行业管理特点

日本农村地区生活污水治理的成功，与净化槽相关硬件标准化管理、软件全流程制度建设及推广普及密切相关。

（一）在硬件标准化方面，以净化槽设施标准化结构为基础，不断提升净化槽产品的技术水平

日本完善的净化槽硬件管理制度是推动净化槽技术不断创新的重要基础，其核心是一项标准和一项制度。

“一项标准”是指净化槽设施结构标准。该标准划定了农村生活污水治理设施的技术底线。

20世纪初期，日本由于下水道建设的滞后和水冲式厕所迅速普及，污水遍地横流现象突出。鉴于这种情况，1921年日本颁布了《水槽便所取缔规则》，首次明确污水槽必须由腐败池—氧化池（散水滤床）—消毒池三部分构成，并明确了出水卫生标准。1950年日本首次出台《建筑基准法》，并首次提出净化槽的结构标准，同时明确凡达到“标准型”同等或以上性能的“非标准型”净化槽，经监督部门认定后也可以设置。但由于这一阶段“非标准型”净化槽的认可程序和标准模糊不清，为净化槽排水造成环境污染埋下了隐患。20世纪60年代，日本“非标准型”净化槽数量远远超过“标准型”净化槽，其排

水造成的环境污染问题频发。20 世纪 60 年代后半期，鉴于净化槽排水造成的环境问题，政府于 1969 年对《建筑基准法》进行修订，提出了新的结构标准，明确限定净化槽中间处理工艺仅限于活性污泥法和散水滤床法两种。

净化槽结构标准是基于大量“非标准型”净化槽失败经验形成的，规范了农村分散式污水治理设施核心技术，明确了能够做到达标排放的分散式生活污水治理设施的技术底线，推动日本农村分散式污水治理技术由无序向有序发展。

“一项制度”是指净化槽认证及性能评价制度。该制度激发了设备生产企业的技术创新活力。

日本《建筑基准法》规定，对于要在日本市场流通的净化槽设备，需在产业化生产前向国土交通大臣提交净化槽型号认定申请。通过认定并获得型号认定证书后才准予生产和销售，型号认定的有效期为 5 年。但长期使用结构标准设备不能满足日益变化的市场需求，同时阻碍了净化槽技术的革新。在这种情况下，20 世纪 90 年代日本建立了更为灵活的净化槽性能评价制度，推动“非标准型”净化槽的研究，旨在鼓励净化槽技术创新。目前，日本净化槽的性能评价分为现场评价实验（48 周）和恒温短期评价实验（16 周）两种。根据评价实验的结果，国土交通省下设的净化槽专业委员会经审查后出具性能评价报告，合格的产品同样可以获得国土交通大臣认定，并进行生产和销售。

目前，日本市场上年销售的净化槽中 95%以上是结构紧凑、价格便宜的“性能评价型”净化槽。净化槽认证和性能评价制度既保证了净化槽上市产品的质量和可靠的处理效果，又提高了净化槽生产企业间的市场竞争活力，加快了净化槽设备小型化和深度处理技术的发展。

（二）在软件全流程管理方面，以改善水环境质量为核心，建立完善的净化槽设施管理体系

净化槽是日本集中式生活污水治理系统的重要补充，经过多年的发展，已经形成了一套比较完善的管理体系，支撑和规范着净化槽在日本的广泛应用。其管理体系的核心主要包括清晰的责任体系和完善的法律体系。

首先，行政主管部门间明确的生活污水治理职责，保障了生活污水治理工作能够有序推进。

日本净化槽管理的组织实施是置于全国各类污水处理统一管理的框架之下的，各部门在行业管理上职责明确清晰。目前，日本污水处理由国土交通省、农林水产省和环境省三个部门共同管理，各自对应城市规划区域、农业振兴地区及农村其他分散居住区域的污水治理，采用的污水处理方式分别为下水道、农业村落排水设施和净化槽三种。2014 年，三部门联合发布《以构筑持续的污水处理系统为目标的都道府县规划手册》，要求各

级地方政府在协商的基础上制定污水治理规划的编制方针，基层政府根据编制方针，结合区域特点，以经济核算为基础设定污水集中和分散处理区域，编制包括污水治理设施建设计划在内的具体方案，省级政府负责项目实施并加强进度管理。

其次，健全的净化槽法律体系，保障了净化槽设施设计、制造、安装、运行维护等全生命周期管理。

在日本，与净化槽相关的主要法律包括《净化槽法》《建筑基准法》《废扫法》等。其中，《净化槽法》于 1983 年颁布，明确规定了净化槽的制造、安装、运行维护等方面的要求，规定了净化槽清扫企业的许可制度，以及净化槽安装维护专业技术人员的国家职业资格认证。为了严格执行《净化槽法》的相关规定，配套制定了净化槽法实施规则，明确提出净化槽维护检查技术标准、使用准则、清扫技术标准、净化槽施工技术标准等。《建筑基准法》于 1950 年颁布，规定了净化槽的构造标准、型号认证等要求，此后在使用过程中又进行了多次修订和补充。与其配套的《净化槽构造标准及解说》除了对净化槽的构造标准进行详细解说外，还明确了负荷计算、设备选择、施工安装、维护管理等规定。《废扫法》则明确了净化槽污泥处理方面的规定。

（三）在推广普及方面，以净化槽设施可持续有效运行为基础，构建完善的人才培养制度

净化槽技术之所以能够在日本成功推广普及，其健全的人才培养制度发挥了重要的作用。20 世纪 60 年代，随着净化槽安装量的增加，净化槽专业技术人员短缺，包括安装技术人员、运维技术人员、污泥清扫技术人员、检查技术人员。为满足社会对各种净化槽技术人员的需求，1966 年日本成立净化槽教育中心（现更名为日本环境装备教育中心）。针对净化槽在应用过程中先后出现的问题，净化槽教育中心先后开设了多门课程。该中心成立之初开设了两门课程，一门是面向运维技术人员的 A 课程，另一门是面向清扫技术人员的 B 课程，推动净化槽有效运行。1972 年增设了面向安装技术人员的 C 课程，推动解决因净化槽设施建设不规范导致设备不能正常运行的问题。1980 年增设了面向净化槽检查技术人员的 D 课程，推动净化槽设施第三方监督工作规范化。1983 年《净化槽法》颁布后，该中心又增加了面向净化槽技术管理人员的 E 课程，推动规模大于 501 人的大型净化槽设施运营管理的专业化和规范化。

自 1984 年起，依据《净化槽法》日本开始实施净化槽设备专业技术人员和净化槽管理专业技术人员的国家考试。这两种国家级资质可以通过国家考试获得，也可以通过参加培训课程来取得。日本净化槽教育中心负责实施所有有关净化槽技术人员的考试和培训业务，迄今为止培养了 20 多万名（每年 3 000 多人）各类净化槽技术人员。这些技术人员构建了日本完善的净化槽技术服务体系，推动了净化槽的普及推广。目前，日本已

有 65 家指定检查机构、12 435 家维护检修企业、5 291 家净化槽清理企业，实现了净化槽技术服务的专业化、市场化发展，日本 700 多万套净化槽依靠净化槽技术服务体系得以有效运行，同时减轻了日本政府在净化槽监管和技术指导方面的压力。

二、我国农村生活污水治理行业发展现状及问题

近年来，我国农村生活污水治理取得了阶段性成果。截至 2017 年年底，中央财政累计安排农村环保专项资金 435 亿元，支持各地开展农村环境综合整治，建成生活污水治理设施 43 万多套。但农村生活污水治理行业存在以下三点突出问题。

（一）农村生活污水治理技术“多”而“杂”，参与治理的企业“散”而“乱”，行业发展不成体系

文献调研发现，仅 2000—2016 年我国已发表文献中的农村生活污水治理项目工艺名目就多达近百种。现场调研发现，江西省九江市湖口县开展污水治理的 5 个村庄，采用 5 家不同企业的不同工艺（AO+生物膜、A^2/O、人工湿地、AO+接触氧化、庭院式复合生物滤床），福建省泉州市山内村一个村采用 3 家公司的 3 种处理工艺（SBR、净化槽、氧化塘）。这种现象在我国农村生活污水治理中普遍存在，使得农村生活污水治理效果难统一，运行难维护，规模难扩大，阻碍了农村生活污水治理形成规模化效应，不利于建立与政策目标相匹配的行业发展体系。导致这一问题的根本原因是农村生活污水治理作为公共事务存在市场失灵的天然属性。企业作为技术提供方、基层政府作为技术需求方在市场和技术资源间存在信息不畅通，甚至技术评价信息缺失等问题。

（二）2018 年之前农村生活污水治理设施建设“多头管”，为农村生活污水治理行业健康发展埋下隐患

各地农村生活污水治理工作由住建、农委、环保、水利等相关部门分头推进，各自为政，农村生活污水治理设施信息没有实现共享和公开，设施重复建设、无效建设屡见不鲜，农村生活污水治理设施“晒太阳”问题突出，不仅造成资金和设备浪费，而且助推行业内不良竞争。现场调研发现，江西省九江市甘露镇米粮铺社区在同一地点由不同部门分别投资建设集中式污水治理设施，且采用不同工艺，设施开工时间仅相隔半年。目前，只能一台运行，一台闲置。导致这一问题的根本原因是政府管理部门间没有针对农村生活污水治理工作目标、计划、组织实施、资金整合等达成一致。

（三）基层农村生活污水治理专业技术和管理人才供给严重不足

目前我国尚没有针对农村生活污水治理专业技术人员的培训。已建成的43万多套农村生活污水治理设施，大部分由所在乡镇政府负责日常运行维护和管理，由于缺乏专业技术人员管护，设施普遍存在不能有效运行甚至闲置的问题。生态环境部每年仅针对乡镇领导干部开展一期农村环境保护培训，培训内容涉及农村生活污水、垃圾、畜禽养殖污染防治等多项管理工作，以农村环境保护的政策法规的宣贯和经验推广为主，缺少专业技术和实际运维管理等方面的内容，且培训时间短，培训限额100人/a，影响范围小，不能满足广大基层对农村生活污水治理专业技术人才和管理人才的迫切需求。导致这一问题的根本原因是农村生活污水治理作为微利行业，单靠市场调节必然导致人才资源及分布的“马太效益”，基层一线管理和专业技术人员缺乏。

三、对我国农村生活污水治理行业发展的建议

日本农村生活污水治理行业的健康有序发展不完全依靠市场原动力，日本环境省作为主管部门所发挥的指引作用也是重要的推手。相比日本，我国农村生活污水治理市场体量巨大。农村生活污水治理即将从攻坚战转为持久战，借鉴日本对净化槽行业管理的成功经验，我国政府应未雨绸缪，旗帜鲜明地加强农村生活污水治理行业引导，促进农村生活污水治理市场平稳健康发展。针对我国农村生活污水治理行业现阶段的问题，提出以下三点对策建议：

（一）借助国家生态环境科技成果转化综合服务平台，建立健全农村生活污水治理设施标准和性能评价制度，加强农村生活污水治理行业引导，推动农村生活污水治理行业向规范化、标准化方向发展

针对农村生活污水治理行业发展不成体系的问题。建议依托国家生态环境科技成果转化综合服务平台，逐步开展以下四项工作：首先，推动水专项农村生活污水治理技术成果转化落地，发布农村分散生活污水处理技术验证评价制度和标准，构建科学合理、公开透明的入市指标，把好农村生活污水治理设施入市“质量关”，从源头避免“劣币驱逐良币”的现象，为出台达标技术清单创造条件。其次，系统梳理国内农村生活污水治理技术、企业信息、设施建设运行情况，筛选一批达标的污水治理设施或技术，定期发布农村生活污水治理达标技术清单和典型案例，为基层农村生活污水治理提供专业化的技术帮扶，引导农村生活污水治理行业向规模化、标准化方向发展。再次，联合住建等相关部门，推动农村生活污水治理设施相关基础研究，适时制定农村生活污水治理设施

标准，建立包括设计、施工、验收、运维等在内的全生命周期的设施管理制度和标准体系。最后，构建生态环境部与地方环境主管部门、政府与企业的交流平台，畅通农村生活污水治理政策制定与落实，提升企业在政策制定中的话语权，同时跟踪评价制度的实施效果，推动农村生活污水治理管理制度不断优化。

（二）完善农村生活污水治理部门协调机制，推动农村生活污水治理项目与改厕、改水等工作实现“一张图、一张表、一套说明”，突出规划引领作用，推动基层政府因地制宜建立符合当地特点的污水治理技术路线和模式

鉴于2018年之前我国农村生活污水治理工作职责分散的事实，建议在国家层面建立生活污水治理部际协调制度，加强住建、水利、生态环境、卫计委等相关部门的沟通协调。各级政府统一谋划包括农村生活污水治理在内的农村人居环境治理工作，推动各部门间基础信息共享，实现农村生活污水治理设施、沼气设施、卫生厕所改造（三格化粪池设置）等工作通过“一张图、一套表、一套说明”，形成治污合力。推动省、市、县三级政府落实包括农村生活污水治理设施建设在内的农村人居环境基础设施“建、管、运”信息公开，建立公开公正的农村生活污水治理市场，引导行业自发实现市场分级分类。

（三）完善农村生活污水治理培训制度，建立分级分类的农村环境保护培训课程，推动农村生活污水治理行业人才队伍梯队化建设

鉴于农村生活污水治理行业人才资源供给不足的现状，建议强化农村生活污水治理行业研判，与时俱进，完善农村生活污水治理人才培养制度，强化农村生活污水治理培训。一是设置面向乡镇环境保护管理人员的管理课程，重点讲授政策、标准、技术规范及农村生活污水治理项目实施管理要求等内容，以典型项目为依托加强各地农村生活污水治理经验交流。二是设置面向农村生活污水治理技术人员的专业课程，重点针对农村生活污水治理设施建设、运行及维护，鼓励企业积极参与农村专业技术人才的培训，逐步形成农村生活污水治理专业人才梯队。三是创活机制，构建人才资源市场化配置与宏观调整有机结合的格局，鼓励专业技术人才深入基层开展技术援助，确保农村生活污水治理设施既能有人管，又能管得好。

构建污水治理设施及服务共享租赁模式　创新应对农村污水治理多样化需求

（赵芳　赫晓霞　董旭辉）

【摘要】农村生活污水和黑臭水体治理是目前我国水污染治理的重要内容。由于流域和区域间社会经济发展水平、人居环境改善要求、水污染治理和水环境保护的压力和目标不同等多种因素影响，各地农村污水治理设施的建设和运行情况存在较大差异。有的地区虽然已经建了不少分散治理设施，但是得不到专业运维，治理效果难以保证；有的地区分散式设施建成不久便因规划调整改为集中纳管处理模式，造成已建成设施废弃；更多地区则虽有治理需求，但政府财力不足，无法进行大规模投入。总之，农村生活污水和黑臭水体治理应充分考虑不同地区面临的多样化治理需求，因地制宜，选择和探索符合地方实际需求的治理模式。

污水治理设施及服务共享租赁模式是推动农村污水有效治理的创新举措，这一模式在应对阶段性、临时性污水治理需求，提升设施专业化运维水平，提高设施使用效率，减轻地方政府污水治理的投资压力等方面都具有一定优势。根据设施所有权、租赁对象、租赁期限和资金来源等不同情况，污水治理设施及服务共享租赁模式可分为设施租赁、设施及服务租赁、政府分期付款购买设施及服务、设施及服务融资租赁等多种模式。山东、重庆和北京分别探索实践了不同条件下的农村生活污水和临时污水治理设施及服务租赁模式，为构建和推广“污水治理设施及服务共享租赁”模式提供了良好的实践尝试。

建议在国家或省级层面上，充分利用现有网络信息平台，补充污水治理设施及服务共享租赁内容，构建和推介污水治理设施及服务的共享租赁模式，吸引全国各地的污水治理设施设备供应方、专业运维服务方、社会资本提供方，以及各地有治理需求的地方政府和企业进驻，推动形成公开共享的污水治理设施及服务市场体系；同时，吸引社会资本参与，发挥地方政府的监管作用以及用户的信用评价作用，推动农村污水治理降低成本、提高效率、节约资源，推进农村环境治理体系现代化。

一、我国农村污水治理面临多样化、阶段性治理需求

农村生活污水和黑臭水体治理是目前我国水污染治理的重要内容，由于受到流域和区域间社会经济发展水平、人居环境改善要求、水污染治理和水环境保护的压力不同等多种因素影响，各地农村生活污水治理设施的建设和运行情况存在较大差异，不同时期需着力解决的重点问题也各不相同。有的地区虽然已经建了不少分散治理设施但是得不到专业运维，难以保证治理效果；有的地区分散式设施建成没多久便整体改为集中纳管处理模式，造成已建成设施的废弃；更多地区则苦于虽有治理需求，但是政府财力不足，无法进行大规模投入。

当前，我国正处于快速城镇化阶段，由于各地社会经济状况的不同，区域间农村生活污水治理需求的变化趋势不同。一是部分近郊农村近期虽有治理需求但远期已纳入城镇发展规划，将逐步建设市政排水管网，纳入城镇处理系统；二是部分环境敏感的偏远农村如水源保护地范围内的村庄，近期虽有治理需求但随着人口搬迁和自然减少，一段时间后治理需求将不再存在，可以预见这两类地区如果建设永久性治理设施，未来都可能会出现已建设施停用的状况，造成资本和资源的浪费。

快速城镇化过程中，农村黑臭水体的治理需求也存在明显阶段性特征，对黑臭水体的治理提出了更高要求。黑臭水体主要来自流域内未经处理或处理效果不理想的生活污水和畜禽养殖等农业面源污染，可通过截留污水—设施处理—达标排放的方式解决水体的黑臭问题。随着城乡污水处理系统的完善以及各类流域面源治理工作的逐步开展，通过污水治理设施的建设运行来治理黑臭水体的需求也将很快消失，治理设施将同样面临停用状况。

本文基于部分地区在实践中探索形成的污水治理设施及服务租赁模式，提出构建“污水治理设施及服务共享租赁模式”的构想，旨在进一步满足多样化、阶段性的污水治理需求，缓解农村污水治理的资金压力，同时提升设施专业化运维水平，提高污水治理和设备使用效率。

二、污水治理设施及服务租赁模式的适用条件及实践

（一）农村生活污水治理设施及服务租赁模式

农村生活污水治理设施及服务租赁模式是由地方政府或业主委托第三方在一定期限内提供污水治理设施及污水达标治理服务并支付设施及服务租赁费用的模式，这一模式

在山东和重庆（见专栏 1、专栏 2）均有探索性应用。

专栏 1　山东省临沂市兰山区“设备租赁+运维”模式

2017 年以来，山东省临沂市兰山区按照“政府引导、市场主导、企业参与”的治污理念与金锣水务合作，采用金锣一体化污水处理设备，运用“设备租赁+运维”模式，探索形成大型社区利用现有管道沟渠收集处理和在一定半径内分散村居“分散收集+罐车拉运+集中处理”的农村生活污水治理“兰山模式”，成功实现“收集、处理、运维”三位一体长效机制，实现有效治理全域覆盖。兰山区政府通过购买服务方式采购污水治理服务，投资方的收益与治理效果挂钩，实现了兰山区区域范围内农村生活污水治理效果在较短时间、较低投资和成本条件下稳定达标，有效解决了农村生活污水收集难、运维难等问题，为当前农村水污染治理提供了有益借鉴。

专栏 2　重庆市农村生活污水治理设施及服务租赁模式

重庆市渝北区玉峰山镇污水处理站服务于玉峰山镇的生活污水处置。污水处理站规模为 150 t/d，处理工艺为逆向曝气一体化设备，处理后达到《城镇污水处理厂污染物排放标准》一级 B 标准。业主提供污水处理站场地 100 m^2，负责厂界 220 V 电源接入；租赁期限为 5 年，吨水处理费用为 2.6 元，业主分季支付污水处理设备租赁费和运营托管费用，年支付费用 14.24 万元。租赁模式对双方责权有明确规定：①业主建设污水收集设施，通过管网等设施将污水集中到处理场站；按照约定对第三方处理效果进行核查，根据污水处理量及单方运行费用核算按期支付运行费用。②第三方机构按照约定在业主指定地点建设污水治理设施；负责约定规模以下水量的污水治理设施建设及运行的成本，对业主收集的生活污水进行处理并达到约定的处理效果；设施运行达到约定期限后，污水处理设备归第三方所有并移除。

兰山模式和重庆模式均采用一体化设备及服务租赁模式治理生活污水，具体采用的污水收集方式又因区域地理特点、管网完善程度而有所不同，最大限度以较低成本满足业主治理需求。

由此可见，污水治理设施及服务租赁模式的优点在于：一是污水治理设施由第三方负责安装和运行管理，避免了农村污水治理运行管理难的弊端；二是业主采用租赁（支付约定的吨水运行费用）的形式对污水处理设备拥有使用权，而产权仍然归属第三方，减少了固定设施建设成本的投入，节约了使用成本；三是采用以效付费的形式对第三方进行监督管理，保证了处理效果；四是当市政设施完善或人口转移不再需要对生活污水进行治理时，设施由第三方拆除并回收，避免设施浪费且节约了拆除成本。

（二）黑臭水体临时污水治理设施及服务租赁模式

黑臭水体临时污水治理设施及服务租赁模式是指在完善区域污水治理设施及排水管网建设的同时，为尽快改善河湖水质，地方政府租赁第三方污水治理设施及服务对黑臭水体进行临时性治理的模式，这一模式在北京市海淀区和通州区已有探索性应用。

“水十条”发布以来，北京市大力推进污水治理设施的建设，完善排水设施。在部分城乡接合部和农村地区，污水收集和治理设施建设滞后，不能完全满足污水治理和黑臭水体治理的迫切需求。为尽快解决城乡黑臭水体问题、改善城市水环境质量，北京市采用了临时污水治理设施及服务租赁模式。2018 年，北京市海淀区通过招投标的方式，建设了 20 处（共计 26 套）临时污水治理设施，治理设施采用以 MBR 工艺为主的一体化设施进行应急处置，共计治理规模为 19 200 t/d，北京碧水源科技股份有限公司以 7.5 元/t 的价格中标并签订租赁合同，合同约定了租赁期限、费用支付方式、租赁设备移交与维护、双方责任等。

临时污水治理设施及服务租赁模式采用一体化治理设施，可快速投入使用，迅速改善河湖水质；出租方同时进行设施和运营服务租赁，保证设施的专业运维和达标运行；设备和服务租赁费用采用分期支付的方式，减轻了政府的财政压力；租赁期满后，设备由出租方自行转移并再度利用，提高了设备利用效率，减少了资源浪费；政府可根据实际治理需求决定租赁期限的长短，时间上具有灵活性，可以兼顾集中式污水治理设施建设运营的有序推进和水质改善目标的稳定实现。

（三）污水治理设施及服务租赁模式的适用条件和优势

首先，污水治理设施及服务租赁模式适用于存在阶段性或临时性治理需求、建设永久性固定设施成本过高的区域，如纳入市政管网规划的快速城镇化地区、有搬迁计划或人口衰减的水源保护区等农村生活污水治理区域、临时黑臭水体治理及临时性生活区污水治理，可有效解决短期治理需求迫切与长期需求消失的矛盾。

其次，污水治理设施及服务租赁模式可以在降低治理成本的同时提高设施的专业运维水平。租赁第三方企业的一体化设备进行污水治理，无须一次性支付较高的设施建设或购买成本，污水治理费用分期支付，减轻了政府的财政压力，同时，第三方企业提供设施的专业运维服务，采购方按照约定的治理效果支付费用，可有效保障设施的达标运行。

再次，污水治理设施及服务租赁模式可以提高设施的使用效率。小型污水治理设施的一般预期使用寿命为 10～20 年，租赁到期后，设施出租方可以将设施转移到其他有需求的地方继续使用，避免设施闲置和资源浪费。

最后，对于有治理需求但是财力不足的地方政府来说，还可以通过分期付款的方式购买污水治理设施及运营服务，并最终获得设备的所有权，以快速满足区域污水治理设施的建设和达标要求。

三、构建污水治理设施及服务共享租赁模式的建议

在互联网+技术和共享经济理念得到普遍应用的前提下，本文基于互联网+技术和各地污水治理设施及服务租赁的实践经验，提出构建污水治理设施及服务共享租赁模式的建议，希望借助已有网络共享平台得到快速应用和推广，在满足地方阶段性治理需求的同时，积极推动第三方社会资本的参与，充分发挥环保设施及服务租赁模式的环境、经济和社会效益。

（一）现有污水治理设施及服务租赁模式的适用性分析

污水治理设施及服务租赁模式在农村污水治理与黑臭水体治理方面已有探索性应用，这种模式具有降低成本、提高运维水平、提高设施利用率等明显优势。

然而，从较大范围来看，目前污水治理设施及服务租赁模式应用推广仍然极为有限，仅在少数案例中得以应用，究其原因，一方面在于目前虽然污水治理设施生产制造企业较多，但开展设施及服务租赁业务的供给企业较少，供给不足；另一方面则在于地方政府对区域总体治理现状和需求变化趋势认识不足，对租赁模式的优点和适用条件认识不足，有效需求不足。

对于设施及服务供给方来说，设施及服务租赁模式对企业的技术和经济实力要求较高：要求供给方企业具备相应的技术实力，能够从技术设备和运维管理等方面保证设备稳定达标运行；要求供给方企业具备足够的经济实力负担污水治理设施的制造和运营成本，允许需求方以分期支付租赁费用的方式获得长期回报而不是单纯通过产品售卖获得一次性收益。

对于需求方来说，设施及服务租赁模式也有一定的前期要求。首先，设施及服务租赁模式适用于人口集聚或环境敏感等有迫切治理需求的地区。其次，设施及服务租赁模式适用于地方政府面临资金不足和水质达标双重压力的地区。当治理资金来自上级专项治理资金或者达标压力较小时，地方政府缺乏主动采取租赁模式的动力。再次，需求方与供给方需就污水收集方式达成一致，如社区排水设施完善，供给方根据污水规模提供相应规格的设施进行处理即可。如满足污水收集条件存在一定难度，在北方排水量较少的地区，可借鉴采用罐车拉运+集中处理模式，减少管网建设和维护成本。最后，设施及

服务租赁费用标准核算及支付方式需要提前确定，需求方需保证按照约定支付服务费用。此外，随着社会经济发展，设施生产成本、服务成本、治理标准、处理规模等都会发生变化，因此还应设有动态调整机制，确保合作期内供需双方都获得收益。

（二）构建污水治理设施及服务共享租赁模式的建议

基于以上分析，提出以下关于构建污水治理设施及服务共享租赁模式的建议。

首先，发挥政府主导作用，鼓励地方政府在现有网络平台基础上建立第三方环境治理设施及服务租赁共享应用平台，共享平台的供给方企业接纳可面向全国具有相应资质的水污染治理企业，并明确可提供服务的设施规格、服务范围、出水标准、地方配套要求、服务价格体系及技术支持体系等。有治理需求和支付能力的地方政府、污染企业、住宅小区等作为需求主体，可根据实际治理需求、地理区位，价格筛选、服务评价等因素，利用共享平台快速匹配合适的供给方，建立合作关系，快速实现区域水污染治理和水环境质量改善的目标。

其次，在多边共享平台上，设施及服务租赁可以采用融资租赁模式，推动社会资本参与。即由第三方社会资本向设施供应企业购买产品及服务，再由第三方社会资本向需求方提供租赁服务的模式。在这种模式下，需求方与第三方社会资本构成供求关系，设施生产企业通过销售产品和提供服务获得收益，第三方社会资本通过向需求方收取租金的形式获得收益，需求方则以较低成本满足产品和服务使用的需求。由于第三方社会资本的介入，可以缓解设施供应企业的资金周转压力，也可以减轻需求方短期内支付大额治理资金的压力。当需求方有较长期限的预期治理需求时，还可以与第三方资本约定以分期付款的方式，在获得产品及服务的同时，最终获得设施的所有权。

再次，鼓励技术模式与治理案例共享。多边共享平台中，技术模式与治理案例共享有助于实现治理设施供给方与需求方的最优匹配。目前各地都普遍面临农村生活污水治理和黑臭水体治理的需求，技术模式及治理案例共享可以为有需求的地区提供案例参考和经验借鉴，有助于地方政府和企业筛选合适的供给方并选择合适的治理模式，同时，也为技术模式的推广应用提供了更广阔的平台。

最后，鼓励有一定经济基础，但暂时无法实现全域统一治理的地区，优先选择人口集聚和环境敏感的重点区域，推进污水收集系统建设，为生活污水设施及服务共享租赁模式的应用提供必要条件。由于污水收集系统建设是公益性的非营利性项目，不具有长期、稳定、持续的收益，建议国家未来农村生活污水治理投资重点倾向于管网建设等污水收集系统建设和运维，将设施建设和运维交由市场，通过 PPP 模式、设施及服务租赁模式等实现污水治理设施的建设和运维，切实保证治理效果，实现流域水环境质量改善的治理目标。

运用多元化市场模式解决农村生活污水治理设施长效运行问题

（赵芳　贾小梅　董旭辉）

【摘要】目前，农村生活污水治理设施建设和运行资金不足、专业运维机制缺乏、专业管护和技术人员短缺以及后续监管力量薄弱等问题凸显。在农村生活污水治理十余年的实践中，一些地方因地制宜，探索出了区域一体化PPP（政府和社会资本合作）模式、EPC+O（设计采购施工总承包+运维管理）模式、第三方运营模式、设施租赁服务模式等多元化的农村生活污水治理模式。这些市场化模式不仅可以减轻政府的财政压力，而且提高了治理效率，提升了设施的专业化运维水平和后续监管能力，为推动我国农村生活污水治理专业化、规范化提供了宝贵经验。区域一体化PPP模式适用于有条件进行整县推进的地区，一次性完成整个区域的规划、建设和运维管理。EPC+O模式适用于正在通过EPC（设计采购施工总承包）模式进行农村生活污水治理设施建设的地区，将总承包公司的承包内容从设计、采购、施工延伸至运维管理，通过专业运维保障设施运行效果。第三方运营模式适用于目前已经完成污水治理设施建设但运行状况不佳的区域，通过委托第三方运行以及绩效考核等方式保障长期运行效果。设施租赁服务模式适用于短期内有治理需求，但从长期看可能存在市政管网统筹、村庄撤并等情况，租赁第三方设施和服务的方式既可解决一定时期内的污水治理问题，又可减少政府固定资产投入，避免资金浪费。这些治理模式具有较好的借鉴推广价值。

一、我国农村生活污水治理设施建设现状

自2008年以来，中央财政累计安排农村环保专项资金（农村环境综合整治资金）495亿元，支持16.3万个行政村实施包括生活污水治理在内的农村环境综合整治，建成污水治理设施50多万套，取得了一定的治理效果。在浙江省和江苏省苏州市等部分经济发达地区，已经基本实现了农村生活污水治理设施全覆盖。在重庆、福建、四川、湖北、安

徽等农村环境综合整治示范省（市），农村生活污水治理设施正由乡镇向村级逐步延伸。随着“水十条”攻坚任务的持续深入，农村生活污水治理工作正在全国范围内不断推进。

发展中心调度的2008—2017年全国农村环境综合整治基础信息数据显示，各地农村生活污水治理设施正常运行率普遍在60%～90%，但一些省份的正常运行率只有20%左右，设施建得好但用不好的问题在财政收入不足的地区尤其普遍。

二、农村生活污水治理设施长效运行存在的主要问题

我国农村生活污水治理开展的时间不长，早期各地政府的关注点多聚焦于设施建设，未充分考虑后期设施运行维护问题，致使不少设施建成后出现污水收集率不高、运行效率不高、设施维护不及时、设备损坏甚至设施停用情况，部分污水治理设施成了晒太阳工程。农村大部分村镇污水治理设施建成后存在“晒太阳”的现象，其中主要原因之一为资金保障体系不健全，农村环保专项资金主要用于设施建设，而运维资金主要依靠地方财政自筹，运维费用难以保证。具体原因包括以下几个方面：

（一）资金筹措难度大，建设和运维资金缺口大

农村生活污水治理设施属于农村基础设施建设项目，其建设、运维以及监管均需要长期、持续地投入大量的公共财政资金，但调研区域中除浙江、江苏苏南等经济发达地区外，大部分财政能力薄弱的地方，现有设施“建得起、用不起”的现象普遍存在，而下一步要实现农村生活污水治理设施全覆盖，建设资金缺口仍然巨大。安徽、江西、福建、四川等位于中西部的省份大部分村庄集体经济薄弱，村民对污水收集治理的主观需求和参与积极性不高，建立农户收费机制的难度较大，长效运维资金得不到保障。以运维成本较低的人工湿地来看，如不采用一定的动力设备以及必要的日常维护则湿地处理效果得不到保障；若采取一定的动力设备配以必要的日常维护，一块小型设施一年的运维费用也需要几千元到几万元的投入；对出水水质要求较高的治理设施普遍采用MBR或FMBR等处理工艺，一年的运维成本则达几十万元。无论采取哪种工艺，要保证处理效果，运维资金必须得到保障。而对于许多中西部欠发达地区来说，乡镇财政本就压力较大，无力负担运维资金。

（二）维护管理不到位，缺乏专业技术人员和专业运维机制

我国农村生活污水治理设施运行维护工作普遍处于探索阶段，镇村大都未建立专门的工作机制和专业的管理队伍，专业技术人员缺乏，难以胜任污水治理设施的专业化系统维护。部分设施由于缺乏专业管护人员，日常只进行简单的环境卫生管理，无法保障

运行效果；部分设施由于长期无人维护，污水处理效果降低，甚至完全没有处理效果。早期建设的配套管网也因为建设质量不高和缺乏维护普遍存在管网老化、破损等现象，从而带来管网漏水导致设施进水量偏少，或地表水大量渗入影响设施处理效果等问题。此类问题在经济发展相对落后的山区或丘陵地带较为普遍，如江西、福建、重庆等省（市）的部分欠发达地区。

（三）后期监管能力不足，设施治理效果无法保证

农村生活污水治理设施的运维主体一般为乡镇政府或村集体，镇级污水治理设施主要由乡镇政府或水务部门负责，村级污水治理设施基本由当地村委会负责。由于设施运行部门本身属于政府部门或村民自治组织，运行管理出现问题难以追责。城镇生活污水治理设施的监管由各地生态环境部门负责，但农村分散式污水治理设施数量多、分布广，通过生态环境部门进行全面监管受到人力财力的限制，大量已建成的设施实际上处于无监管状态。同时，由于运行主体经费有限，通过安装在线监控设施实施监管也较为困难，建好后听之任之的现象普遍存在。

三、典型地区农村生活污水治理设施市场化长效运行模式

近年来，各地逐步开始重视农村生活污水治理设施长效运行问题，积极探索解决农村生活污水治理设施长效运行的市场机制，并形成了一些各具特色的长效运行经验。主要途径包括：一是市场化，政府部门开展多种市场化探索；二是采用多样运营模式，即采取集约化、专业化运营管理模式；三是引入“互联网+”方式。

（一）拓展资金来源，保障设施运维经费

运维经费保障是确保农村生活污水治理设施长效运行的关键内容。从运维经费的资金来源来看，可以通过政府投资、社会资本及探索村民付费等三个方面来保障农村生活污水治理设施的运维经费。

一是拓展政府治理资金。江苏创新投融资机制，通过实施排污权有偿使用和交易试点、绿色保险试点、生态补偿转移支付和水环境资源区域补偿等市场机制，在加强环境管理能力的同时增加治理资金来源，有力保障流域水污染治理，包括农村生活污水治理的政府付费的资金来源。

二是引导社会资本投入。浙江创新政府和社会资本合作模式，推广 PPP 合作模式，发行“五水共治”地方债券，积极吸引国际银行贷款，积极开展社会捐助，采取多元化方式吸引企业和公众参与到农村生活污水治理进程中。

三是探索建立村民付费机制。适用于尚未开征农村生活污水处理费，但有村规民约、村民自治意愿和能力较强的地区。江西通过村规民约等村民自治形式，村民直接向村集体缴费或者村民捐款、罚款、村集体出租收入等集体收入来支付污水治理设施运行费用。江西省九江市湖口县金家村村民每户每年向村集体缴纳 200 元，用于包含污水治理设施运维费用在内的村集体公共支出，陈官垅村则采用村民捐款、罚款及村集体公共收入来负担农村污水治理设施的运维费用。

（二）创新污水治理设施市场化运维模式，实现专业化运维

针对农村生活污水治理设施专业化运维不足的问题，一些地区通过创新市场化模式，实现了设施的专业化运维。

一是区域一体化 PPP 模式。适用于有一定经济基础，投资额度大，规划开展区域整体治理的地区。在农村生活污水治理过程中，这种模式的特点是：首先，以整个区县作为整体来打包运作，解决分散式治理设施建设项目独立融资成本过高的问题；其次，区域一体化 PPP 模式可以有效实现区域内污水治理设施的专业化运维，降低单个设施的运维成本。同时，进行区域一体化整体考量后，可以在整个区域层面上进行水污染治理设施的规划设计，实现区域治理需求与设施分布的最优结合、降低投资成本，如福建省漳州市芗城区的 PPP 项目。

二是 EPC+O 模式。适用于有一定经济基础、投资额度较大、规划开展区域整体治理的地区，但具体运作方式与 PPP 模式有所不同。EPC 模式是指由独立一家单位承担工程项目的设计、采购、施工、试运行服务等工作，并对承包工程的质量、安全、工期、造价全面负责。EPC 模式具有提高投资效益、缩短项目建设周期、避免各方责任不明等优点。采取这种模式的企业一般都具有设施运营维护的资质和能力，可以对设施整体进行专业运维或者仅针对设施进行技术方面的维护和管理。近年来，为了保障污水治理设施运行，部分地区创建了 EPC+O 模式，将工程建设与设施运维交由同一家公司负责。江苏省丹阳市农村生活污水治理采用 EPC+O 模式进行整县推进，解决了资金来源和运营模式的问题。福建省漳州市盘陀镇农村污水治理采用 EPC 模式，后期日常运行由镇政府负责，技术支持部分则由设施建设企业负责。

三是第三方运营模式。第三方运营模式主要针对的是现有农村生活污水治理设施的运营管理，可以有效解决地方政府既负责设施运行管理又负责监督考核、设施运行不达标无法自我追责的问题。企业的专业化运营使得农村生活污水治理设施能够专业养护、维修和管理，设施运行率高。同时，对区域内设施进行整体打包运维，具有规模效应，在提升运维管理技术水平的同时，可以显著降低运维成本。北京市密云区、福建省泉州市安溪县均采用这种方式。

四是设施租赁服务模式。适用于短期内有治理需求但长期可能存在拆迁、撤并等情形的村庄。设施租赁服务模式是由业主委托第三方对集中污水进行达标处理并支付相关处理费用的模式，其中污水治理设施建设由第三方建设并运行，业主仅支付污水处理费用。租赁服务模式的主要优势有：①设施由第三方建设并运行，避免了农村污水处理站运行管理难的弊端。②业主采用租赁（支付约定的运行费用）形式对污水处理设施拥有使用权，产权仍然归属第三方，避免了建设成本的投入。③采用政府购买服务的形式对服务效果进行监督管理，确保了处理效果。④对于人口逐步萎缩的农村地区，当人口大量转移，不再需要治理时，设施由第三方拆除并回收，避免设施浪费且节约了拆除成本。重庆市探索农村生活污水治理租赁服务模式，有效提升了农村生活污水处理效率。

（三）创新运维和管理技术，提高专业化运维效率

在市场化运营的条件下，企业有动力不断提升运维管理技术水平，以降低企业运营成本，提升利润空间。

一是利用太阳能设施解决电费问题。由于污水治理大多需要增氧或曝气装置，农村生活污水治理设施运行费用中，电费支出占比较大。早期农村生活污水治理设施竣工验收后，多因后续的运行电费等问题导致设施荒废。福建省漳州市农村生活污水处理站点多配有太阳能发电装置，日常发电可基本满足设施运行用电需要，同时，多余电量并入电网后还可以产生一定收益，弥补设施运行经费的不足。江西省赣州市定南县龙塘集镇生活污水处理站光伏发电站装机功率达 123 kW，平均日发电量超 300 kW·h，不仅能满足污水处理设备运行所需电量，余电上网收益还能用于补充站点日常运行费用，实现站点零成本运行。

二是利用“互联网+”监管系统降低监督管理和运维成本。“互联网+”系统是以互联网系统为平台，通过布置在各处理站点现场的信息收集与发射装置、视频监控系统及无线收发模块，将处理站点设备运行情况、进出水情况、场站设施维护情况传输至中控室内终端系统，实现政府对区域内污水治理设施的高效监管。“互联网+”系统的另一种应用情景是企业远程管理平台，运维人员可以通过电脑终端和手机 App 对一定区域范围内本公司的分散式设施进行远程控制，并采用流动“4S”服务的形式根据需要对各站点进行现场维护，提高运维效率，降低运维成本。江苏省常熟市、昆山市均采用了“互联网+”监管和运维系统，实现农村生活污水治理高效运维和监管。

（四）创新以效付费机制和考核奖惩机制，保障设施运行效果

农村生活污水治理设施目前一般是由第三方企业负责运营或者由当地乡镇政府或村集体负责运行管理。企业追求利润最大化，地方政府也需要一定的激励机制才能更好地

参与治理工作。因此，在农村生活污水治理过程中，需要实施有效的管理和监督机制，以保证污水治理设施达标运行，实现预期效果。

一是针对由第三方运行设施的以效付费模式。以效付费模式即政府依据考核标准对污水治理设施的处理效果进行定期检查，并将考核结果作为污水处理费支付依据，依据效果支付第三方企业运维费用的模式。福建省建立基于环境绩效的付费机制，实现从“买工程”向“买服务”转变，合理设计绩效指标，明确考核方法及付费标准。项目运营阶段由政府或者委托第三方机构定期对运营情况、环境治理效果、经费使用绩效等指标进行评估，评估结果作为支付运营服务费用及后续委托运营的依据。

二是针对由地方乡镇政府或村集体负责运行设施的督查考核模式。督查考核模式即政府对区域内污水治理设施运行维护状况进行考核和督查，依据考核结果对各级政府进行行政或资金奖惩的机制。江苏省苏州市和福建省漳州市均发布了相关的管理办法或实施方案，建立考核和督查机制，考核结果纳入各级政府工作考核，并依据考核结果采取相应的奖惩措施。

四、农村生活污水治理设施市场化长效运行有关建议

（一）关于市场机制助力解决资金不足的问题

长期以来，我国用于农村生活污水治理设施的资金主要来自政府拨款，而且近年来国家财政的相关投入不断增加。但由于政府财力有限，单纯依靠政府资金远远难以满足农村生活污水治理设施建设和运维的资金需求。当前，要加大政府专项资金的投入力度，拓宽农村生活污水治理设施融资渠道，一是要拓展政府专项资金来源，规范和扩大排污权有偿使用和交易、流域生态补偿、绿色保险、区域水环境资源补偿等制度，多渠道筹集治理资金；二是要大力推广政府和社会资本合作模式，引导和增加社会资本在农村生活污水治理方面的投入，采用市场化模式进行治理设施的建设运营，提高治理效率，有效降低治理成本；三是要逐步探索建立村民付费机制，借助城乡一体化的污水处理收费制度或者村民自治制度，引导村民形成“污染者付费”“受益者付费”意识，逐步实现污水治理服务由政府购买转向村民主动购买。

（二）关于市场机制助力解决专业化运维机制不足的问题

针对缺乏专业管护人员和专业运维机制的问题，可以采用不同形式的政府与社会资本合作模式，如区域一体化 PPP 模式、EPC+O 模式、第三方运营模式或设施租赁服务模式等，实现专业化运维；与此同时，企业通过太阳能装置、“互联网+”技术的应用进一

步提高运维管理效率，降低运维成本，从而提高企业的利润空间。新技术的推广与应用，不仅有助于提升企业的专业化运维水平，从长远来看，还将推动农村生活污水治理总体成本的降低，减轻政府的财政压力。

（三）关于市场机制助力解决后期监管能力不足的问题

对于后期监管不到位的问题，一是针对污水治理企业建立“以效付费”模式，由政府或者委托第三方机构定期对企业进行定期检查和绩效评估，评估结果作为支付运营服务费用及后续委托运营的依据，以有效的制度约束确保企业运维的污水治理设施正常运行，保证污水处理效果。二是可以借助目前广泛采用的“互联网+”技术，鼓励企业建立设施运行维护管理系统并与政府的监管平台相连接，采用远程监控技术，降低运行维护和监管成本，解决监管能力不足的问题。三是针对暂时无法实现第三方运营的地区，可以通过奖惩机制的建立加强监管力度，鼓励地方政府充分重视农村生活污水治理设施的长效运行效果。

困扰农村生活污水治理设施长效运维的是资金问题更是管理问题

（崔艳智　刘海东　于奇　贾小梅）

【摘要】随着农村生活污水治理设施数量快速增加，设施长效运维资金保障难的问题日渐突出。然而，不少地区往往着力于资金筹措，而对控制运维成本不够重视。主要体现在：一是从运维管理投入来源看，设施运维资金来源单一且有限，难以长期稳定保障设施运行。二是从运维管理成本看，成本构成较为固定但费用差异较大，运维成本多为一笔“糊涂账”。三是从运维管理制度看，多数地区重“外源”资金筹措而轻“内源”成本管控，治标不治本。为了破解设施运维成本高的问题，建议在深入推进农村生活污水治理的基础上，从以下三方面采取相关措施：一是注重统筹管理，充分发挥共商共治协调作用，合理安排任务时序，避免不必要的运维资金支出；二是加强监督指导，科学指导各地合理确定治理模式，提高污水治理的专业化水平，从源头上减少运维成本；三是强化管理支撑，引导地方积极主动作为，多措并举提升科学运维水平，降低运维费用压力。

资金问题是各地普遍反映困扰农村生活污水治理设施运行维护工作的突出问题。解决资金困扰问题应做到“两手并重”，一手抓“外源”资金投入，一手抓“内源”成本控制。发展中心基于对江西、浙江、江苏等 12 省份农村生活污水治理设施运维现状的调查和各地运维文件的梳理发现，管理部门在实践中两手力度并不平衡，加剧了资金困扰问题的严峻程度。表面看，是运维资金紧缺的客观制约，但背后因管理不科学、不规范等原因造成的资金浪费、运维成本攀升也值得高度关注。

一、农村生活污水治理设施运维成本投入现状及问题

（一）从运维管理投入来源看，设施运维资金来源单一且有限，难以长期稳定保障设施运行

从整体推进情况看，各地农村生活污水治理设施运维资金主要依靠政府各级财政，仅有极少数发达地区探索征收了农村生活污水处理费，作为设施运维经费的有益补充。如浙江出台《农村生活污水治理设施管理条例》，以立法的形式明确农户要缴纳污水处理费；江苏、福建则采用试点先行的模式，对徐州、晋江两市试点征收农村地区生活污水处理费。从资金投入主体看，全国仅不足半数省份在农村生活污水治理相关文件中明确了运维资金的来源，且大多以县级财政投入为主。如浙江、山西等 7 个省份明确主要由县级财政保障运维资金；北京、天津明确由区级政府负责运维资金的落实；上海、广东由县（区）、镇（乡）两级财政共同承担；安徽、云南则提出由各级财政共同保障资金落实；还有像江西、宁夏等 3 个省（区）在相关文件或管理措施中，对于设施运维资金的主要来源描述较为模糊。由于疫情及经济下行影响，当前县级财政普遍困难，农村生活污水治理设施的运维资金仅仅依靠区县基层财政，难以保障持续稳定的资金支持，不利于设施的长效稳定运行。

（二）从运维管理成本看，成本构成较为固定但费用差异较大，运维成本多为一笔“糊涂账”

农村生活污水治理设施运维成本主要包括电费、人工费、药剂费、检测费、维修费、管理费及污泥处理处置费用等，由于极端天气或人为破坏造成的大修费用一般不包含在内。运维成本中又以电费、人工费占比最大，两者费用一般能够占到成本构成的 60%以上。如江西省赣州市瑞金市采用 A/O 接触氧化工艺的污水治理设施运维费用约为 0.86 元/t，其中电费占比约 34.9%，人工费占比约 30.2%；福建省宁德市周宁县采用活性污泥法处理设施运维费用约为 0.9 元/t，电费、人工费占比分别达到 44.4%。但调研也发现，各地设施运维成本差异较大。治理运维成本从 0.2 元/t 到 12 元/t 不等，即使同一工艺类型，在不同地区其吨水运维费用也相差几倍。如同样采用 A/O 接触氧化工艺的分散式农村生活污水处理，江苏省常熟市运维成本约 3.15 元/t，江西省赣州市则为 0.86 元/t。此外，值得关注的是，大部分地区政府、企业及实际运维人员对于设施运维成本说法不一，甚至无法说清运维具体价格、成本覆盖内容、执行电价标准等。农村生活污水治理设施运维成本在不少地区仍然是一笔“糊涂账”，相比资金短缺的普遍困境，算清运维“成本账”，

搞清差异产生的背后原因，也是亟待解决的问题之一。

（三）从运维管理制度看，多数地区重“外源”资金筹措而轻“内源”成本管控，治标不治本

自 2013 年起，宁夏、安徽、浙江、北京等地率先出台农村生活污水治理设施运行操作规范、技术导则或运营考核办法等文件。据统计，截至目前全国已有 17 个省份制定了专门针对农村生活污水治理设施运行维护的相关文件。除海南、宁夏、江苏、山东未在文中提及运维资金相关保障措施外，其余 13 个省份均提出要“加大投入，增加资金筹措渠道”等相关要求。但也仅是强调“外源”成本总量的投入，没有降低污水治理设施运维成本的措施。调研发现，除浙江、江苏等发达地区外，普遍反映基层财政难以投入足够资金保障设施运维，导致部分设施不能正常运行或“晒太阳”。然而，从已出台的管理文件看，除浙江等少数地区从处理工艺、运维指导价格、电费支付方式等多方面考虑控制运维成本外，其他省份尚未开展“内源”成本控制。单纯强调加大资金投入总量而忽视成本管控，并不能保证设施的长效稳定运维。

二、农村生活污水治理设施运维成本高的内因分析

（一）管理的统筹性不够导致资金浪费较大

一是规划统筹不够。农村生活污水治理是农村人居环境、美丽乡村建设的重要任务之一，需与改水改厕、房屋改造、村庄美化等一体规划、合理安排工期，各项任务杂乱无序、未进行统筹规划便会经常出现管网或设施反复维修、升级改造等情况，增加后期运维成本。二是部门间统筹不够。各部门大力推进乡村振兴工作，但由于职责不同，导致相关部门各管一摊，互相沟通交流不足，工作安排没有衔接。如部分地区先建污水治理设施后改厕，随着污水排放量增加，很多污水处理站在后续运行中因设计处理能力不足而超负荷运转，造成设备维护成本较高，甚至设备刚建成投运就需要升级扩建。三是建管统筹不够。各地虽意识到管网建设的重要性，却忽视了管网建设和道路、房屋建设等工作的系统性，有的污水管网敷设好后才进行道路建设，管网极易被破坏，增加了损坏维修成本。

（二）管理的指导性不足导致运维成本偏高

一是对适宜的治理技术与工艺的指导不够。同一地区不同污水处理工艺的运维成本相差较大，以河北为例，人工湿地的运维成本约为 0.05～0.1 元/t，间歇曝气活性污泥法

（SBR）的运维成本约 0.5 元/t，生物膜反应器（MBR）膜处理工艺的运维成本则为 1.8～2.5 元/t。然而一些地区未充分考虑污水处理排放去向，对污水处理水质要求过高，偏爱 MBR 膜处理等工艺，大大增加了运维费用。二是对设施建设标准的指导不够。农村生活污水治理设施的建设质量直接关系到后期设备维修、管网维护的频次与成本。如浙江早些年在污水收集管网建设时，主要选用钢筋混凝土管、PVC 管等造价较低的材质，但由于管材运输难、水力承受压力差等原因使得后期管网寿命较短、污水收集效果差，大大增加了维修养护成本。后期在严格审核与把关选材用料等建设标准后，有效降低了养护成本。三是对污水资源化利用方式的指导不够。地方对污水及治理设施尾水资源化利用引导不足。如山东在治理验收要求中，将污水就近就地资源化利用取消，使得基层误认为必须建管网、上设施才算完成污水治理，大量新建的污水治理设施势必会增加基层的运维资金负担。以山东聊城为例，由于村庄空心化严重，普遍采用污水分散就地资源化利用模式，几乎没有运维成本；但若采用 A/O 工艺，运维费用至少在 1 元/t 以上。

（三）管理的支撑保障不到位导致运维成本累加

一是运维管理主体支撑不到位。截至 2020 年年底，全国近 70%的污水治理设施交由乡镇或村级部门负责，但乡镇或村委专业水平不强，支撑能力有限，使得部分设施运行效果较差，甚至出现荒置，导致运维资金“打水漂”。还有 22%左右的设施由第三方企业运营，但企业在运维标准、操作规范、招标价格等方面良莠不齐，市场化环境不够规范，未能达到高效、合理的支撑。二是设施运行配套保障政策不到位。以设施电价为例，农村生活污水治理设施若执行农业用电价格，可大大降低运维成本。如对福建省的调研发现，设施用电占总运维成本的 40%～50%，从工业用电［约 0.7 元/（kW·h）］调整为农业排灌用电［0.25/（kW·h）］，可减少运维费用约 30%。然而，国家层面虽发文提倡执行农业电价，但调查发现此事落地效果并不好。绝大多数地区农村生活污水治理设施仍按照工业电价收费，未执行农业电价，导致设施运维电费居高不下。

三、关于强化农村生活污水治理设施运维成本管控的对策建议

（一）注重统筹管理，充分发挥共商共治协调作用，合理安排任务时序

一是建议县级人民政府发挥统筹协调作用，加强规划管理，组织相关部门共商共治，合理安排包括生活污水治理在内的美丽乡村建设各项工作任务，将农村生活污水治理与农村人居环境整治、美丽乡村建设、村庄规划、农村水系综合整治、农村光伏发电产业等互相衔接、统筹推进。二是建议各部门共同制定“一村一策”，各级生态环境部门主动

与相关部门沟通协作，共同协商确定农村生活污水优先治理村庄名单，安排好工期时序，提高建、管两端统筹性，避免重复施工等造成的不必要浪费。

（二）加强监督指导，科学指导各地合理确定治理模式，提高污水治理的专业化水平

一是建议国家或地方层面尽快明确农村生活污水资源化利用定义、判定标准与监管要求，创建农村生活污水资源化利用试点示范，及时引导地方将农村生活污水治理与农业绿色发展有机结合起来，尤其是对于缺水、少水地区，要鼓励地方探索就地就近开展污水资源化利用，杜绝一味建管网、上设施。二是建议各地审慎建设集中式农村生活污水治理设施，建设之前要深入调研、充分论证。同时要尽快建立污水治理设施改造及退出机制，对于不能正常运行、工艺选取不合理的设施改造一批、退出一批，及时更正不合适的治理模式或工艺。三是尽快细化建设标准要求，指导地方严选施工单位，对施工资质、工程监理资质、项目规范管理、施工安全卫生以及农村生活污水治理构筑物、管道、设备材料和施工标准等严格把控，做好污水治理的前端工程，为后端设施长期、稳定、有效运行提供保障。

（三）强化管理支撑，引导地方积极主动作为，多措并举提升科学运维水平

一是指导各地尤其是县级部门科学合理选取运维模式，培育良好的社会化服务市场环境。对于规模较大、工艺相对复杂且对运维管理水平具有一定要求的设施，鼓励以县为单位，优先选择专业化运维机构，探索城镇与农村结合、大规模与小规模结合的“肥瘦结合”的运维模式，将城镇污水治理设施管护资源逐步向农村延伸。对于非生态环境敏感区内规模较小、分布零散、工艺简单的设施，可由乡镇（街道）人民政府负责运维管理，但应加强对运维人员的培训指导。二是建议各地生态环境部门主动作为，积极协调发改部门制定更加细化、有效的设施用电政策，推动有利政策尽快落地，切实保障农业或者居民用电价格的执行。同时，充分借助乡村振兴和新能源发展的契机，鼓励运维企业或村集体将光伏发电作为替代设施用电的重要抓手，以此来缓解电费压力。

农村黑臭水体治理现状、问题及对策建议

——基于基层农村黑臭水体治理技术帮扶工作的思考

（贾小梅　崔艳智　刘海东）

【摘要】2019年，生态环境部先后实施农村黑臭水体治理试点和全面排查工作，摸清底数，初步明确了农村黑臭水体的名称、地理位置、黑臭面积、污染成因、治理程度等信息，建立了名册台账。截至2021年年初，全国累计排查出农村黑臭水体8 000多个。

发展中心在江西省赣州市上犹县、四川省广元市苍溪县、河南省郑州市荥阳市和吉林省白山市浑江区等地开展帮扶的过程中发现，各地农村黑臭水体治理工作总体上推进较慢，主要存在三大制约问题：一是由于现行黑臭水体治理政策存在不足，基层存在等、靠现象；二是农村黑臭水体判定标准与相关标准衔接不够，基层对治理工作存疑；三是基层管理部门技术能力有限，治理资金和技术能力保障不足。

结合基层实际情况和“十四五”黑臭水体治理工作要求，建议：一是进一步完善黑臭水体治理政策，在国家各层面明确城乡黑臭水体治理权责，强化工作任务落实和监督考核，切实杜绝基层等、靠问题。二是尽快修订农村黑臭水体判定指标，加强黑臭水体判定指标限值与农村生活污水治理排放标准的衔接，分阶段分情况出台各地农村黑臭水体判定指标，推进农村黑臭水体治理及水质提升。三是有效提高农村黑臭水体治理资金保障能力，逐步建立城乡共治共担机制，推动城市反哺农村和社会资本参与农村基础建设，有效解决基层没钱干的问题。

一、农村黑臭水体现状

从江西、四川、河南等地现场调查中发现，农村黑臭水体总体呈现两大类，一类是传统农村地区黑臭水体，另一类是城乡接合部黑臭水体，两种类型在分布和成因上存在一定差异。

（一）在分布上，农村黑臭水体较分散，且不同区域间分布情况差异明显

传统乡村地区，农村黑臭水体主要临近村庄，以村庄内外的坑塘、沟渠、部分河段为主。如江西赣州上犹县的黑臭水体，主要以村庄居民生活污水收纳坑塘、历史遗留畜禽养殖粪污纳污坑塘为主，主要在村庄或生产活动场所附近零星分布。

城乡接合部，农村黑臭水体虽然也以坑塘、沟渠为主，但在分布上主要以城镇建城区为中心，形成环状、带状分布带，以养殖密集区为中心的带状、点状分布区。如环郑州的荥阳市上报农村黑臭水体 100 多个，主要分布在环绕荥阳市周边的城乡接合部，且以郑州市和荥阳市交界的农村地区为主，呈环状密集分布。

（二）在成因上，农村黑臭水体成因多样，且不同区域成因复杂程度差异显著

传统乡村地区农村黑臭水体成因简单。主要由农村生活污水直排，以及搬迁或关停的非规模化畜禽养殖场（户）粪污直排造成，治理及生态修复相对简单容易。

城乡接合部农村黑臭水体成因较复杂。一是由于城市扩张，大量城市居民在乡村居住，基础设施建设缺位，致使大量生活污水直排，城乡接合部坑塘、沟渠、河道成为纳污水体和渗坑。如郑州荥阳市郭岗村，距离郑州绕城高速（市区边界）仅 3 km，城市轻轨郊区线在该村建设了站点，村域范围内房地产开发水平较高。该村容貌已经城市化，村庄内黑臭水体周边新建住宅能够容纳 15 万城镇人口，实际居住人口已超 5 万人。该村属于农村地区，“十三五”期间配套建设了一套 500 t/d 的污水处理站，不能满足现有污水处理的需求，大量生活污水直排入村庄内低洼处的河道，形成长 1.6 km、宽 1～20 m、水域面积达 60 600 m^2 的黑臭水体。虽然该黑臭水体纳入荥阳市河（湖）长制管辖范畴，有公示牌，有河长负责，但没有实际发挥作用。二是人为活动对区域水体的改变较大，水体联通性受到较大破坏，水体自净能力大幅降低。郑州荥阳市区域土壤长期受水利侵蚀，村外大都有不同大小的沟渠，是自然降水的汇集及排放渠道。近年来各种级别的路网建设，方便了出行，但阻断了河道的连通性。通过五龙寨村的 3 条主要干道虽然都建设了水利联通涵洞，但涵洞较小，易受泥沙、垃圾等淤堵，被分割为不同长度的死水沟。三是乡镇工业园区零星散落在农村地区，企业类型复杂多样，园区污染防治设施不足，环境管理薄弱，存在生产废水和生活污水直排问题。如荥阳市五龙寨村辖区内的五龙工业园区临近村庄的沟渠内有一处较大的污水排放地下沟渠，经地下沟渠后污水排放去向不明。据当地农户称，该沟渠全天 24 h 排水，污水主要来自五龙工业园区。四是城乡接合部农村沟渠存在大量生活垃圾、建筑垃圾堆放点。在郑州荥阳市抽查的 49 个黑臭水体中，80%都需要对沿岸及水体内的垃圾进行清理打捞，部分水体垃圾倾倒问题特别突出。

二、农村黑臭水体治理工作现状及原因分析

帮扶过程发现，现阶段基层对农村黑臭水体治理动力不足，积极性不高，与农村黑臭水体治理难、现行政策不完善、标准不合理、资金和人才保障不足等密切相关。

（一）农村黑臭水体治理存在等、靠现象，主要是由于现行农村黑臭水体相关政策不完善

国家层面相关部门出台的黑臭水体治理政策存在权责漏洞，基层管理部门工作上相互推诿，而不得不做时存在乱作为的问题。《城市黑臭水体治理攻坚战实施方案》《农村黑臭水体治理工作指南（试行）》（以下简称《指南》）等在城乡接合部存在交叉和管理权责漏洞。《城市黑臭水体治理攻坚战实施方案》仅对城市建成区黑臭水体治理提出明确要求，对城乡接合部的生活污水收集处理未提出对应的目标要求。《指南》明确农村黑臭水体排查范围为行政村内村民主要集聚区适当向外延伸（南方为 200～500 m，北方为 500～1 000 m），以及村民反映强烈的黑臭水体。在城乡接合部，行政区划上属于农村，适用农村黑臭水体治理的相关政策文件，但是城市黑臭水体治理政策对该部分也有要求。基层部门在执行过程中处于观望状态，中央环保督察查出问题，地方政府自然会指定部门开展治理工作。如 2021 年中央环保督察组进驻郑州期间，群众反馈惠济区某村附近一处城乡接合部的水体黑臭，但该黑臭水体既不在郑州市局黑臭水体排查清单中，也不在城市黑臭水体治理名单中。地方政府在接到反馈后要求相关单位于督察组所在期间完成整改。我们发现，县区管理部门已经启动黑臭水体覆土填埋工作，但断头污水管网是否能够顺利接入临近污水处理厂，是否能够做到达标排放难以跟踪判定。

（二）基层对黑臭水体判定及治理存疑，主要是由于现行农村黑臭水体判定指标与相关标准衔接不够

2018 年生态环境部印发《关于加快制定地方农村生活污水处理排放标准的通知》，推动各省自行制定农村生活污水排放标准。截至目前，全国已有 30 个省份出台农村生活污水处理排放标准，其中部分污水治理设施尾水氨氮的排放标准限值三级标准为 25～30 mg/L，部分地区二级标准为 15～25 mg/L，而 2019 年 11 月生态环境部印发的《指南》中规定的农村黑臭水体的氨氮浓度判定指标值为 15 mg/L，与各地现行农村生活污水治理设施尾水排放标准存在冲突。从指标限值上看，部分农村生活污水治理设施排放尾水的氨氮直接满足黑臭水体的判定指标。从时间上看，北京市 2019 年 1 月印发的《农村生活污水治理设施水污染物排放标准》（DB 11/1612—2019），针对新（改、扩）建农

村生活污水治理设施氨氮的三级排放标准限值为 25 mg/L。河南省 2019 年 7 月印发的标准（DB 41/1820—2019）明确新建农村生活污水治理设施氨氮的三级排放标准限值为 20（25）mg/L，均早于《指南》。从执行效力看，广西、云南、西藏、新疆、内蒙古、宁夏、北京、天津、甘肃、山西、山东、湖南、湖北、河北、河南、广东、贵州、海南、福建、辽宁、安徽、黑龙江、吉林、四川、江西、陕西、江苏 27 省（区、市）农村生活污水治理设施排放的氨氮指标均高于国家印发的黑臭水体判定指标阈值，农村生活污水治理设施排放标准优先执行地方标准，但是黑臭水体判定指标值又需要执行国家政策限值，两个指标限值冲突。虽然《指南》明确黑臭水体判定优先从颜色和气味上判定，然后可通过公众参与调查确定，最后才通过监测进行判定。但是地方为避免老百姓对政府工作提出质疑，基本都在前期对水体水质指标进行监测，但标准的不衔接导致基层不知道该怎么治。

（三）基层管理部门技术能力有限，农村黑臭水体治理资金和技术能力保障不足

与城市黑臭水体治理相比，农村黑臭水体治理资金保障不足，缺乏人才支持。2019 年，国家层面首次支持 17 个试点县开展农村黑臭水体治理工作试点示范。发展中心在帮扶过程中发现：试点示范县虽然有工作积极性和热情，具备一定的工作基础，但在资金保障上，完全依靠中央财政资金支持，地方政府的配套仅能通过依靠受益村庄居民投工投劳或协调其他相关资金协同开展农村水体整治等实现。在技术把握上，绝大部分县级生态环境主管部门没有开展黑臭水体治理的经验。如江西赣州上犹县自行选取的黑臭水体大都不符合黑臭水体的判定指标要求，工作方案编制过程中，帮扶团队赴现场重新协助县生态环境局开展排查，筛选出符合黑臭水体指标要求的水体，逐一提出治理对策建议。吉林白山浑江区在试点示范过程中，治理方案完全照搬城市黑臭水体治理工程措施，且对水体沿线进行了大量硬化工程设计，帮扶团队对治理方案提出了大量修改建议。

三、农村黑臭水体治理工作的建议

（一）针对黑臭水体治理政策不完善问题，建议国家各层面明确城乡黑臭水体治理权责，强化工作任务落实和监督考核，切实杜绝基层等、靠问题

一是在政策方面，建立黑臭水体治理部际协调机构，理顺城市和农村黑臭水体管理体制，明确城乡接合部黑臭水体治理的管理部门、考核主体等。在国家层面建立由一个管理部门牵头，相关部门协同开展的黑臭水体治理工作机制，避免治理政策在城乡间断档。在任务目标设置上，增加对城乡接合部黑臭水体的考核。切实推动县级人民政府落

实农村黑臭水体治理主体责任，保障基层管理部门协同开展农村黑臭水体治理工作，并对治理效果负责。

二是在落实方面，对各地城乡接合部黑臭水体治理开展城市、农村双向联动成效评估，强制开展黑臭水体治理成效信息公开，若发现遗漏水体，要同时追究城市及农村黑臭水体治理相关主管部门的共同责任，杜绝相互推诿。将城乡接合部黑臭水体治理纳入生态文明创建、“绿水青山就是金山银山”基地创建工作，进一步推动各地黑臭水体治理工作的主动性。

三是在监督方面，建立中央生态环境保护督察案件总结分析机制，开展各地涉及黑臭水体治理高发问题的类型分析，探究管理体制机制不完善的深层次原因。加强中央生态环境保护督查案件的通报、宣传（包括整改工作过程及成效的宣传），强化典型案例的警示教育意义。对工业企业的监督指导要逐渐从城市向城乡接合部及乡镇延伸，避免工业污染“上山下乡”。

（二）针对农村黑臭水体治理相关标准衔接不够的问题，建议加强黑臭水体判定指标限值与农村生活污水治理排放标准的衔接，分阶段分情况出台各地农村黑臭水体判定指标，推进农村黑臭水体治理及水质提升

一是修订农村生活污水治理排放标准或黑臭水体判定指标限值，使其衔接，分阶段提升推动相关标准限值。“十四五”期间鼓励各地在充分考虑农村自然环境容量、水环境容量、农村生产生活习惯的基础上，以有利于推动农村生活污水治理和污水资源化利用为导向，改善农村水环境质量目标，推动各地合理制定农村黑臭水体判定指标。

二是设立专题研究城乡接合部水体季节性黑臭严重的问题，提出治理对策。同时，为了避免快速消除反复性黑臭水体而采用“一填了之”等情况，建议逐步优化黑臭水体整治判定标准，合理设定阶段目标，直至问题彻底解决。

三是加强对农村黑臭水体治理指导帮扶。对传统乡村，强化城市反哺农村政策落地，通过建立国家农村生态环境保护专业技术人才库，联合国家乡村振兴局、农业农村部、水利部等涉农部门，定期组织专业技术人才开展扎根基层服务活动，既可以带动县级管理部门有效实施治理工作，又可以加强专业技术普及推广和宣传教育，切实帮助基层解决包括黑臭水体识别、治理措施选择等在内的标准应用及执行问题。

（三）针对黑臭水体治理资金保障不足问题，建议逐步建立城乡共治共担机制，推动城市反哺农村和社会资本参与农村基础建设，有效解决基层没钱干的问题

一是在政府层面，做好顶层设计，将城乡接合部黑臭水体治理纳入城市“十四五”规划。设定专项资金支持城乡接合部黑臭水体治理，开展县域内联动治理。若城乡接合

部黑臭水体界定为农村黑臭水体的，则城市应适当反哺农村，建立“城市—农村”生态补偿机制，共同承担城乡接合部生态环境保护责任。对于具备投资回报价值的区域，积极使用政策资金和银行贷款。对传统乡村，各级财政应适当予以倾斜。

二是在社会层面，探索多方参与的资金保障机制。尤其是由于农村搬迁安置、城市快速扩张等导致的水体黑臭，房地产开发商、工业园区等均应承担相应的治理义务，缴纳一定金额的黑臭水体治理费用。政府部门则要从土地买卖、旅游业发展等收入上支取一定比例的污水处理费用，用于支持城乡接合部黑臭水体整治工作。对条件较好的乡村，建议联合乡村振兴局、农业农村部等部门，选择一批具备商业开发潜力的乡村，探索借助社会资本开展包括黑臭水体治理在内的乡村整体开发的有效途径，带动区域生态环境保护工作有序实施，缓解地方政府资金、人才压力。

第三篇　农业面源污染防治

生态环境部体制下有关监督指导农业面源污染治理问题的思考与建议

（王亚男 陈颖 刘海东）

【摘要】“监督指导农业面源污染治理”是生态环境部的新职能。从农业面源污染现状来看，目前，农业面源污染几乎占全国废水污染物总排放量的一半，其中畜禽养殖业排污在农业源中占绝对份额。我国畜禽养殖业发展迅猛，但规模分散，为污染治理埋下隐患。全国仍有 90%以上的分散养殖畜禽未得到综合整治，整治力度亟须加强。大气农业面源污染主要来源于秸秆焚烧，已成为重污染天气的“帮凶”之一。自 2008 年开始，国家发布了一系列政策文件支持、指导各地开展秸秆综合利用和禁烧工作，秸秆综合利用率有所提升，但仍存在秸秆焚烧现象。从监督指导农业面源污染治理面临的难点来看，一方面，农业面源具有分布分散、排放受地域等因素影响较大、治理的责任主体不明确等特点，以工业污染治理为核心的环境管理体系“难以作为”；另一方面，基层监管工作缺少数据、缺少人员，现有基层环保队伍承接新职能的能力明显不足。为此，提出建议：一是建立适应农业面源特点的环境管理体系，突破“谁污染，谁治理”的工业污染治理原则，由地方政府与农民共担治理责任，同时建立村民自治环境管理组织，健全自治、法治、德治相结合的乡村治理体系；此外，打破统一的污染物排放标准的传统管理思路，由国家和基层政府分层次提出监管要求，一地一策解决问题。二是采取多种手段强化农业面源的环境监管，建立部际信息共享机制，实现农业面源污染治理与行业生产的同步化协调化发展，积极探索新技术、新方法在农业面源污染治理监管上的应用，加强基层农技人员农村环境保护培训，缓解基层能力不足的问题。三是推动各级政府加大农业面源治理力度，通过引导及规范农业生产的清洁化水平，从源头控制农业面源污染产生量和排放量，从监管农民转变为监管地方政府，提升监管效率。

农业面源污染治理对完成好《水污染防治行动计划》《大气污染防治行动计划》具有举足轻重的作用。2018 年 3 月 18 日，第十三届全国人民代表大会第一次会议审议通过国务院机构改革方案，将原农业部的 “监督指导农业面源污染治理”职能并入新组建的生态环境部。农业面源污染现状如何，生态环境部面对这一新的职能将面临哪些挑战，如何应对，需要及早研究谋划。

一、农业面源污染的主要来源与污染现状

（一）农业面源污染约占全国废水污染物总排放量的“半壁江山”，其中畜禽养殖业排污占较大份额

根据 2015 年《环境统计年报》，全国废水中化学需氧量排放量 2 223.5 万 t，农业源化学需氧量排放量 1 068.6 万 t，占总排放量的 48.1%；全国废水中氨氮排放量 229.9 万 t，农业源氨氮排放量 72.6 万 t，占总排放量的 31.6%。农业面源污染基本占到了全国废水污染物总排放量的“半壁江山”。

农业面源污染主要来源于畜禽养殖废水排放、水产养殖废水排放、农药化肥流失以及水土流失和暴雨径流情况下土壤中 N、P 等的流失。其中，畜禽养殖废水的污染物排放量在农业面源污染中占较大份额，2015 年畜禽养殖业排放化学需氧量 1 015.5 万 t，占农业源的 95%；排放氨氮 55.2 万 t，占农业源的 76%。

（二）大气农业面源污染主要来源于秸秆焚烧，已成为重污染天气的“帮凶”之一

农作物秸秆是成熟农作物茎叶（穗）部分的总称，2015 年作物秸秆的理论资源量为 10.4 亿 t，可收集资源量约 9 亿 t，目前，作为肥料、饲料、基料、燃料以及造纸等用途共计约 7.2 亿 t，尚有 1.8 亿 t 未综合利用。

近年来，由于农村生活水平的提高和生产方式的改变，秸秆的利用受到收集方式、利用技术和运输成本的限制，田间焚烧秸秆情况仍然突出。据原环境保护部卫星中心监测，仅 2017 年 12 月，卫星遥感数据共监测到全国秸秆焚烧火点 87 个（不包括云覆盖下的火点信息），涉及 15 个省 41 个市。秸秆焚烧加重雾霾天气，并产生大量有毒有害物质，对人体健康构成威胁。

二、农业面源治理现状及存在的问题

（一）我国畜禽养殖业发展迅猛但规模分散

最新的《中国畜牧兽医年鉴》显示，我国生猪出栏数、家禽存栏量、奶牛存栏量、肉牛存栏量连续多年位居世界第一。按照生猪年出栏 500 头、奶牛存栏 50 头、肉牛出栏

50 头、蛋鸡存栏 1 万只和肉鸡出栏 5 万只为规模化养殖标准统计，全国主要畜禽规模化养殖比例为生猪 42%、奶牛 51%、肉牛 28%、蛋鸡 36%、肉鸡 45%。尽管近年来规模化养殖水平有所提高，但除奶牛外，目前生猪、肉牛、蛋鸡、肉鸡总体仍以分散式养殖为主。与规模化养殖相比，分散式养殖存在设施不健全、管理粗放、污染分散等突出特点，是废水农业面源的最主要来源。

（二）畜禽养殖污染治理投入不足、效果有限

全国开展污染治理的畜禽养殖数量总体较少，仍有大量畜禽养殖污染未得到综合整治。2008—2016 年，通过农村环境综合整治，全国已开展整治的畜禽养殖量为生猪 1 256 万头、奶牛 47 万头、肉牛 319 万头，仅占全国分散养殖总量的不足 10%。全国仍有 90%以上的分散养殖畜禽未得到综合整治，畜禽养殖污染治理面临的任务还很艰巨，整治力度亟须进一步加强。

畜禽养殖污染治理资金需求巨大。从 2008—2016 年各地已完成验收的畜禽养殖污染治理项目统计来看，项目实际总投资共约 58.4 亿元，完成治理的畜禽按照猪当量统计共 3 321 万头，平均每只猪当量治理资金近 200 元，由此简单估算全国畜禽养殖污染治理资金需求将超 1 000 亿元。说明畜禽养殖污染治理资金实际投入与需求相距甚远，资金缺口巨大，中央及地方各级政府仍需加大资金投入。

（三）秸秆综合利用政策陆续出台且有持续投入

秸秆综合利用是解决秸秆焚烧的根本途径。自 2008 年开始，国家加大力度，发布了系列政策文件支持、指导各地开展秸秆综合利用和禁烧工作。

2008 年，国务院办公厅发布的《关于加快推进农作物秸秆综合利用的意见》要求通过税收优惠政策引导秸秆综合利用。自 2012 年起，中央资金对秸秆综合利用和秸秆禁烧扶持力度呈快速增长态势。2015 年以后，重点通过农机购置补贴、耕地质量保护与提升行动等项目进行支持，推动形成秸秆综合利用良性运行长效机制。2008—2015 年，累计安排补贴资金 48 亿元；2016 年，农业部和财政部发布《关于开展农作物秸秆综合利用试点促进耕地质量提升工作的通知》（农办财〔2016〕39 号），支持开展农作物秸秆综合利用试点项目，2016 年资助额 10 亿元，2017 年资助额 15 亿元。

（四）秸秆综合利用率有所提升但仍存在秸秆焚烧现象

据原农业部下属技术单位统计，开展秸秆综合利用的试点省中，河北、山西和内蒙古试点县秸秆综合利用率均达到 90%以上或在上年基础上提高了 5 个百分点；河北省全省 11 个试点县的秸秆综合利用率均达到 96%及以上；山西省闻喜县等 9 个试点县秸秆综

合利用率达到 90%以上，朔城区等 4 个试点区（县）秸秆综合利用率达到 75%以上。但是，2016 年，国家环境卫星和气象卫星仍监测到内蒙古自治区秸秆焚烧着火点 85 个，河北省 424 个，山西省 451 个，秸秆禁烧工作仍需进一步加强。

三、监督指导农业面源污染治理的难点

（一）以工业污染治理为核心的环境管理体系“难以作为”

我国现行环境管理体系主要是在应对工业污染、城市污染过程中建立起来的，监督指导农业面源污染治理存在以下不适应：

一是工业源分布集中而农业面源较为分散，针对工业源的台账式管理难以完全复制到农业面源监管工作中。目前我国实行的环评、排污许可证等工业污染源监管制度，都是以污染源清单为管理基础，优点是管理的精确度高、针对性强，缺点是需耗用大量人力、物力，台账建立过程复杂且艰难。农业面源量大面广，如果直接复制台账式的工业源监管方法，将面临海量的人力投入和漫长的工作周期，恐难适应当前农业面源急迫的管理需求。

二是同一行业的工业源污染物排放特征相对稳定，而农业面源受地域及自然条件等因素影响较大，针对工业源的标准化治理模式及统一的监管要求不适用于农业面源。现代工业标准化程度较高，同一行业、同一工艺，在规模、原辅料明确的情况下，污染物种类和产生量是基本可以确定的，相应地，需采取的治污措施也可以按行业进行规范化要求，实现污染治理和监管的统一化。畜牧业生产地域性明显：四川、河南、湖南等省生猪养殖规模较大；内蒙古、河北、黑龙江等省区奶牛养殖优势明显；云南、河南、四川等省肉牛养殖规模位居前列；山东、广东、河南等省家禽养殖数量较大。不同畜禽粪便中的污染物种类及废水中有机物浓度不同，加之受降水量影响，不同地区废水排放特征也不尽相同，使得针对农业面源的治理很难提出标准化的措施，进而难以开展标准化的监管，以点源为基础发展起来的污染源取样分析等监督性监测标准也难以确定。

三是工业源治理的责任主体是企业，而农业面源治理的责任主体不明确，不能简单套用“谁污染，谁治理”原则。《中华人民共和国环境保护法》第三十三条指出，“各级人民政府应当加强对农业环境的保护，促进农业环境保护新技术的使用，加强对农业污染源的监测预警，统筹有关部门采取措施，防治土壤污染和土地沙化”。即现有法律法规既未明确地方政府是农业面源治理的责任主体，也未明确农民是农业面源的责任主体。工业源治理中的基本原则“谁污染，谁治理”不能简单在农业面源治理中使用，监管对象不明确，要求监管方式也需要更加灵活。

（二）现有基层环保队伍监管能力明显不足

农业面源污染发生在农村，源自农牧业，相关监管应重点由基层有关部门来承担，但环境监管一直是基层环保工作的薄弱环节，主要困难表现在：

一是缺少产业数据。开展行业治污监管，离不开对行业发展的基础情况的了解。从2008 年开始的农村环境综合整治工作经验表明，只有基层环保部门与当地畜牧部门互相协作，充分掌握畜禽养殖业生产的基本情况，才能有效开展畜禽养殖污染治理。畜禽养殖业、水产养殖业、农业种植业的生产和环保工作主要由原农业部负责，行业分布、规模、污染治理现状等基础信息环保部门不掌握。监督指导农业面源污染治理的职能并入生态环境部后，农业生产的基础信息仍是开展工作的短板。

二是缺少监管人员。环保系统基层工作人员少、任务重。以江苏省仪征市为例，目前仪征市监察大队 42 个编制，在岗不到 20 人；县监测站 31 个编制，在岗 12 人；县环保局行政编制只有十余人。市域内需要监管重点企业 70 个、一般企业 800 个。而监察大队仅有 3 辆车，最远的乡镇距离 50 km，现场执法取证（包括监测）难以保证。市环保局目前主要精力用来管理工业企业，对于农村农业污染治理设施只能偶尔抽查。新增监督指导农业面源污染治理的职能后，人员不足的矛盾会更加突出。

四、加强我国农业面源污染监管的有关建议

（一）建立适应农业面源特点的环境管理体系

为适应农业面源的特点，亟须在现有适用于工业源的环境管理体系基础上，补充建立适应农业面源的环境管理体系。

为应对农业面源责任主体不清晰的问题，可以突破“谁污染，谁治理”的工业污染治理原则，明确农业面源治理责任由地方政府与农民共担，并实行分类管理：规模化畜禽养殖与规模化种植业比照工业污染源进行管理，由业主自行承担污染治理责任，同时跟进生态补偿政策，对养殖业主和种植业主进行适当补贴，保护本土农业；农民小规模种植业、养殖业污染治理由地方政府指导农民开展。在政府和农民责任共担原则下，一方面强化对基层政府的考核，另一方面也要建立村民自治环境管理组织，落实党的十九大报告中提出的“健全自治、法治、德治相结合的乡村治理体系”要求。依托村民自治组织，加强自治章程、村规民约、居民公约的宣传教育，将环境保护内化为农民群众的道德情感，外化为保护村庄环境的自觉行动，充分调动农民参与农业面源治理的自觉性。

为应对农业面源地域性强的特点，在监管方法上，探索建立适应农业面源污染物排放特征的技术管理体系。超越制定统一的污染物排放标准的传统管理思路，由国家层面制定相关管理政策，明确环境监管的重点环节，基层政府突出因地制宜原则，制定适合当地的农业面源治理方法和具体监管要求。鼓励各地开展有针对性的农业面源管理研究，以区域环境质量达标为底线，一地一策，不搞“一刀切”，不搞统一模式，不搞层层加码，力求实效，解决问题。

（二）采取多种手段强化农业面源的环境监管

基层环保队伍是开展农业面源污染监管的最主要力量，需要采取多种手段解决基层工作面临的问题：

一是打通农业生产基础信息的获取渠道，建立部际信息共享机制，获取农业生产基础信息，实现农业面源污染治理与行业生产的同步化协调化发展。同时，通过信息共享协调多部门共同推动农业面源监管工作。

二是积极探索新技术、新方法在农业面源污染治理监管上的应用。借鉴秸秆焚烧监控方法，有条件的地区可大胆尝试环境卫星、无人机、租用电信基站上的高空视频等手段，实时高效开展农业面源监管，弥补基层监管人员不足的缺陷。

三是将农业面源监管纳入现有环境监管体系。加强基层农技人员农村环境保护培训，培养基层监测、监察和协管人员，履行监管与服务并重的责任。将农村环保纳入基层宣传主题范畴，利用包括新媒体在内的各种媒介，通俗易懂地宣贯环保法规政策和技术知识，使农村环保理念深入人心，建立农业面源污染监管的最广泛的统一战线。

（三）推动各级政府加大农业面源治理力度

为应对农业面源量大、面广、监管工作量大的困难，不宜效仿工业源的末端监管模式（对排污口、排气筒的监管），而是转变为对农业生产的源头监管，通过规范畜禽生产布局、农业生产设施污染物排放要求等，整体提升农业生产清洁化水平。

一是从源头控制农业面源污染产生量和排放量。现阶段，我国畜禽养殖等农业面源产生的主要原因是分散式养殖、管理粗放、污染治理设施缺乏，应通过各类扶持政策的引导，推动规模化养殖，减少畜禽养殖散户的比重。同时，统筹考虑县域养殖业和种植业的有机结合，鼓励种养结合的养殖模式，提高畜禽粪便资源化利用水平，减少畜禽粪便排放量；进一步推动秸秆综合利用工作，变堵为疏，从根本上解决秸秆焚烧问题。

二是建立城乡一体化发展的环保投入保障机制。将农村环保工作纳入城乡统筹范畴，落实地级市对农村基础设施建设和运行管理的资金投入。建立渠道明确的区域差别化资金投入机制，对东部地区，提高省、市两级政府对县级农村环保资金的投入要求，推行受益者适当付费机制；对中西部地区，加大中央财政资金的支持力度，除给予设施建设资金支持外，对设施运行维护资金予以一定比例的支持，确保设施长效运行。

三是建立科学合理的绩效考核体系，监管对象从对农民的监管变为对地方政府或农业生产管理部门的监管。加强对农业面源治理成效的检查评估，并根据评估考核结果，建立奖惩机制，客观合理地引导各级政府的资金投入方向和力度。减少基层监管工作量，提升监管效率。

美国畜禽养殖污染防治管理对我国的启示

（吴娜伟　李琳）

【摘要】我国是畜禽养殖大国，肉、蛋产量多年位居世界第一，由此带来的环境污染问题凸显。据农业部统计，我国畜禽粪污年产生量约 38 亿 t，40%的畜禽粪污未得到资源化利用或无害化处理，给环境带来严重影响，已经成为农村的突出环境问题，对区域环境质量构成重大威胁。美国与我国畜禽养殖行业发展形势和基本情况有相似之处，同为畜牧业大国，且畜禽养殖规模化程度较高，畜禽粪便以还田为主。在畜禽养殖污染防治方面，美国完善的法律法规体系、规范的养殖场分类管理、全方位的配套支撑等做法对我国畜禽污染防治工作具有重要的启示。借鉴美国经验，建议我国从完善畜禽养殖分类管理制度、落实畜禽养殖属地管理责任、建立畜禽养殖污染防治支持机制、提出畜禽粪便还田技术要求等方面，持续加强畜禽养殖污染防治工作。

我国是畜禽养殖大国，随着畜禽养殖业的迅猛发展，畜禽养殖环境污染问题日渐凸显。2014 年，畜禽养殖业 COD 和氨氮排放量分别为 1 049 万 t 和 58 万 t，分别占全国总量的 45.7%和 24.3%。畜禽养殖业排放的 COD 接近全国总量的一半，畜禽养殖污染已到了不得不下大力气治理的阶段。美国在畜禽养殖污染防治方面的经验对我国具有借鉴意义。

一、中美畜禽养殖共性特点比较

中美均是畜牧业大国。我国 2014 年畜牧业产值超过 2.9 万亿元，约占农业总产值的 1/3。美国每年畜牧业产值约占农业总产值的 48%。除畜牧业产值占比相近外，美国畜禽养殖规模化程度高，畜禽粪便以还田为主，与我国畜禽行业发展形势以及污染防治管理方向一致，具有很好的经验借鉴基础。

（一）畜禽养殖规模化程度日益增高

美国 2010 年 98%以上的养猪场规模都在 1 000 头以上，其中 51%的养猪场规模在 50 000 头以上。我国 2015 年生猪、奶牛、肉牛、蛋鸡、肉鸡规模化产能占比分别达 43.3%、48.3%、17.5%、37.2%、45.5%，各类畜禽养殖规模以上比重均呈逐年递增趋势，规模化已成为我国畜禽养殖业的发展趋势，可以预见我国畜禽养殖规模化水平将会不断提高。

（二）畜禽粪便还田是主要综合利用方式

美国的大型农场主十分重视种植业与养殖业的紧密联系，会根据养殖产生的畜禽粪便量确定种植规模，畜禽粪便还田是基本的综合利用方式。我国同样鼓励畜禽粪便还田，国家层面加大力度引导畜禽粪便还田利用，国办、农业部等管理部门通过出台文件和资金补助，鼓励畜禽粪便和废水科学还田利用。全国畜牧总站在 2014 年对全国上报的 2 802 个标准化养殖场畜禽养殖废弃物处理方式进行统计，结果显示，粪便还田是占比最高的处理利用模式，各类畜禽品种粪便还田比例分别是生猪 40%、奶牛 38%、蛋鸡 41%、肉鸡 40%。

二、美国畜禽养殖污染防治管理经验

为了便于管理，美国将养殖业划分为点源污染和非点源污染进行分类管理。在环境保护方面形成了较为完善的联邦、州、地方三级法律法规体系，通过分级管理规划等管理手段实现养殖废弃物的综合利用和治理，此外行业协会、大学等也充分发挥了技术支撑和宣传辅助作用。

（一）完善的法律法规体系

美国畜禽养殖污染防治三级政策体系中，由联邦政府颁布的环境法律适合解决共性的问题，各州和地方政府在结合自身实际的情况下会制定更具有针对性的环境法条文，通过具体而详细的法律措施去实现污染防治的目标。

美国联邦政府制定的多部法律法规都有畜禽养殖污染防治相关的规定。如《清洁水法》《联邦水污染法》《动物排泄物标准》等，均规定对畜禽养殖污染防治采取经济和技术扶持等措施。《清洁水法》将集中养殖业与工业和城市污染设施一样视为点源性污染，纳入排污许可证管理范畴，非点源污染主要使用最佳管理实践（BMPs）进行防治。对如何控制非点源污染，联邦没有制定具体的政策，只是要求各州根据自己的实际情况，制订相应的非点源污染控制计划，并与点源污染计划结合来实现规定的环境质量标准。

州级的法规政策较联邦法律则更为具体。采取哪些政策措施实现环境质量标准和要求，要靠州一级政府制定出较为详细的规章制度。如伊利诺伊州 1996 年颁布了《畜禽养殖管理条例》（LMFA），该条例包括新建设施和搬迁设施建设的要求、废物管理计划、畜禽设施运营者的培训管理和认证、财政激励和资助措施、安全距离要求等。又如俄克拉何马州要求规模化畜禽养殖场在申请执照之前，要先制订预防污染计划，还规定对猪场经营者和猪场员工实行 9 小时课程强制教育以及每年 3 小时的回顾学习。

郡（县）级政府会将环保要求纳入地方发展规划、土地使用计划等一系列地方相关文件。区划和土地使用原则也对控制牲畜饲养数量提出了一系列的具体要求，以防止牲畜粪便的集中产生，保证生产者有足够土地用于处理牲畜粪便。区域规划还要根据功能区划明确指出在某些区域严禁经营畜牧业和某些其他农业生产活动。

不同层级的政府各司其职，联邦政府层面负责制定宏观的统筹性法规，地方政府负责制定微观的实施性细则，环境管理要求既做到了统一协调，又实现了因地制宜。

（二）规范的养殖场分类管理

在法律层面，美国将畜禽养殖场分为点源污染和非点源污染进行分类管理。将存栏 1 000 个动物单位以上的养殖场划为点源污染源；1 000 头以下的养殖场，根据其养殖设施、排放状况等，由地方环保局的管理人员或相关负责人通过现场考察来确定是否属于点源。点源污染被纳入排污许可证的管理范畴，排污许可证包含了一系列目前最佳可用技术的排放限值和达到标准的最后期限，以保护受纳水体的质量。非点源污染主要通过 BMPs 进行防治，BMPs 是指任何能够减少或预防水污染的方法、措施或操作程序，以经济激励、规划、鼓励型政策手段为主。分类管理充分考虑了操作层面的可行性，既避免了对规模较小养殖场的过高要求，也未放弃对其开展必要的环境管理。

在监管层面，美国国家环保局对集约化规模畜禽养殖场（CAFO）进行严格的环境监管。集约化规模畜禽养殖场包括三种类型：一是大规模 CAFO，指养殖量超过 1 000 个动物单位的养殖场（1 000 个动物单位相当于 1 000 头肉牛、700 头奶牛、2 500 头重量超过 25 kg 的猪、125 000 只肉鸡、82 000 只蛋鸡）；二是中等规模 CAFO，是指养殖量为 300～999 个动物单位的养殖场；三是典型 CAFO，只要向自然或人工沟渠或水体排放畜禽粪便的养殖场无论规模大小均视为典型 CAFO。美国国家环保局要求所有集约化规模畜禽养殖场都必须要有养分管理规划；每年必须提交施肥和养分管理年度报告；必须具备储存所有粪尿的贮存区，设置污水防护措施，保障 25 年一遇的 24 小时强度的降水不会出现径流；养殖场与周边公众有足够的安全防护距离；每年检测粪便，每 5 年检测土壤，根据检测结果确定施肥率。这些监管要求和措施为畜禽养殖场开展环境保护工作提供了明确指导，降低了守法难度，也为环境监管提供了执法依据，提高了监管效率。

在管理层面，美国国家环保局和农业局强制要求集约化规模畜禽养殖场必须实施、养殖小户自愿实施综合养分管理计划。畜禽粪便综合养分管理计划主要是针对水、土壤、空气和动植物资源所做的保护措施和资源管理，能够有效控制土壤流失、控制水体径流、控制渗漏现象等。综合养分管理计划主要内容包括六个部分：粪便和污水贮存和处理；养分管理；土壤资源保护；饲料管理；操作记载以及可选择利用方式；空气质量、病原菌、盐和重金属。综合养分管理计划中要明确畜禽种类及年粪尿产生量，确定粪尿中的养分浓度，以及作物信息并量化所需营养成分。根据检测报告或经验系数核算施肥信息和所需要的土地面积，做到四个标准：正确的时间、正确的粪尿来源、正确的施肥率、正确的施肥方法，确保农场主不过量施肥。畜禽粪便综合养分管理计划保证了“种养结合”的科学性实施，既实现了畜禽粪便的综合利用，又避免了综合利用造成的环境污染。

（三）全方位的配套支撑

在美国有多方渠道为畜禽养殖场的环境保护提供项目资助和技术支持，包括政府部门、行业协会、大学等研究机构。

美国农业部、国家环保局、水土保持委员会等会帮助养殖业主落实和进一步完善养分管理计划。美国农业法案资源保护和环境项目中设立环境质量激励项目为综合养分管理计划提供资金成本分摊和技术援助，项目补贴额度可达到成本的 75%，而且对社会弱势群体、有限资源、初始经营者和复员军人经营者补贴可高达 90%。截至 2012 年，实施综合养分管理计划的养殖场超过 25 万个，占美国畜禽养殖场总数的一半以上。此外，美国国家环保局与农业部开展了多种合作，旨在引导养殖场进行自我约束，防止环境污染。现有的四类合作项目包括养分回收和利用的项目、农业与动物养殖研讨会、农畜禽粪尿利用知识以及保护水环境方面的防治技术推广视频、环境保护的奖励项目等。

民间协会的作用也不容小觑。全美养牛协会有会员 4 万余名，包括 27 个育种机构和 23 万个种牛农场；全美养猪协会有会员 8 万余名。协会的主要工作包括帮助政府推广环保计划、提供环境保护和粪污管理服务方面的技术信息、技术培训、资助相关的科研项目等。

第三方咨询公司能够提供专业的技术服务，从安全距离要求、储粪池设计要求、养分管理要求等方面提供专业咨询服务，从而使农场主能够从各渠道及时了解管理要求和实际技术操作。

大学等研究机构会帮助政府部门给养殖场主提供培训，讲解养分管理计划的基本知识，辅以具体实例加深对规则的理解。同时，对于污染防治技术的研发成果会及时推广，将使用者受益作为新科技被使用和被认可的标准。

三、美国经验对我国的启示及政策建议

在我国畜禽养殖不断走向规模化的进程中，美国经验对于我国畜禽养殖污染防治工作具有重要的启示意义。我国可借鉴美国的相关做法，探索适合我国国情的畜禽养殖污染防治管理方法。

（一）完善畜禽养殖场分类管理制度

从美国经验看，点源和非点源养殖场分类管理提高了管理效果和行动的可操作性。目前，我国畜禽养殖管理按养殖数量分为规模化养殖场和非规模养殖场。根据《畜禽规模养殖污染防治条例》等法规文件要求，规模以上的养殖场需要履行严格的污染防治责任，包括选址要符合法规要求、依法环评、配备污染治理设施等。今后还需根据实际情况遵守排污许可管理规定和环境税规定。

对非规模畜禽养殖场，我国现阶段的法律法规还没有明确提出管理要求，但非规模养殖场（户）占比高、污染重，已逐渐成为各地环境污染的重要来源。以生猪为例，年出栏 500 头以下的养殖场（户）数占全部生猪养殖场（户）数的 99%左右，养殖量占全部产能的 57%左右。而非规模养殖场大多无污染治理设施，冲粪废水直排、粪便乱扔乱堆、气味难闻，严重污染当地环境，影响群众正常生产生活，群众投诉较多，急需措施减缓环境影响。因此建议从法律法规层面明确对非规模养殖场的环境保护要求，以废弃物禁止乱排乱放为底线，引导和鼓励非规模养殖场开展综合利用或者污染处理。

（二）提高畜禽养殖精细化管理水平

美国在畜牧发展和畜禽养殖污染控制方面形成了联邦、州和地方三位一体的法律法规体系，有效控制了畜禽养殖污染。我国目前在国家层面有《环境保护法》《畜禽规模养殖污染防治条例》等法律法规，提出了畜禽养殖污染防治工作的总体要求，地方还需进一步制定细化的可操作的政策细则。地方各级人民政府对本行政区域内的畜禽养殖废弃物综合利用和污染防治工作负总责，要结合本区域的实际情况，尽快制定畜禽养殖污染防治工作政策，包括环境保护条例、畜禽养殖污染防治管理办法、养殖发展规划、污染物排放标准、建设项目环保准入要求等，因地制宜落实国家要求。

学习美国种植养殖综合养分管理的经验，以源头控制和还田利用为主要环境污染防治手段，实现种养平衡。建议统筹考虑县域养殖业和种植业需求，定量计算作物对粪便中氮和磷的养分需求，提高种养平衡的科学性。此外，针对畜禽粪便还田重金属累积影响问题，在严控饲料重金属添加量基础上，还需关注畜禽粪便重金属对农业土壤重金属

污染的贡献，分析粪便还田导致的重金属累积与土壤-作物系统的风险响应关系，提出合理的控制对策，目标是实现安全还田。通过完善畜禽粪便还田技术要求，逐步解决畜禽养殖污染问题。

（三）建立畜禽养殖污染防治支持机制

建立政府主导、多方协作的社会化运作机制。地方政府通过强制措施和扶持激励政策，引导养殖企业、农户落实环境保护主体责任，以“谁污染谁负责，谁治理谁受益”为准则，鼓励专业技术公司处理畜禽养殖废物，提高畜禽粪便等废物综合利用和处理的专业化水平。鼓励和引导社会资本设立投资基金，开展畜禽养殖污染防治处理和利用工艺研发和运行模式创新。选择畜禽养殖污染防治工作基础较好的县开展社会化运营试点示范，典型引路，探索社会化运营机制。

我国农村畜禽养殖环境整治现状、问题及有关建议

（刘海东　吴娜伟）

【摘要】在我国广大农村地区，贫困和环境问题仍是实现小康目标的两大突出短板。当前，我国农村面源污染严重，农业污染源是全国污染物排放的重要来源，而畜禽养殖污染物中化学需氧量、氨氮分别占到农业污染排放的 95%、76%以上。治理畜禽养殖污染对于改善农村地区环境质量，乃至于农村脱贫致富、实现小康目标具有重要战略意义。从 2008 年开始，畜禽养殖污染治理被纳入农村环境综合整治工作，取得了重要进展。但目前用于畜禽污染防治的农村环境综合整治专项资金仍然不能满足我国农村畜禽养殖污染防治的现实需求，表现为资金投入不足、整治区域针对性和覆盖度不足，以及地方投资力度与其责任主体地位不匹配等问题。今后应继续加大资金投入和整治力度；调整资金使用结构、突出使用重点；强化环境监管、评估考核等。

一、我国畜禽养殖业总体发展迅猛

（一）畜禽养殖业发展迅猛且地域性明显

我国是畜禽养殖大国，近年来，畜禽养殖业在国民经济中的地位不断增强，其产值仅次于种植业，成为我国农业的重要组成部分。《2014 年中国畜牧业统计》数据显示，我国畜牧业总产值达到 28 956.30 亿元，占农林牧渔业总产值的 28.3%。2014 年全国生猪出栏 7.35 亿头、家禽存栏 57.8 亿只、奶牛存栏 1 499.1 万头、肉牛存栏 7 040.9 万头，肉类产量连续多年位居世界第一。畜牧业生产地域性明显：四川、河南、湖南等省生猪养殖规模较大；内蒙古、河北、黑龙江等省区奶牛养殖优势明显；云南、河南、四川等省肉牛养殖规模位居前列；山东、广东、河南等省家禽养殖数量较大。根据《全国畜禽养殖污染防治“十二五”规划》，全国 16 个畜禽养殖污染防治重点区域（包括山东、黑龙江、河北、辽宁、河南、内蒙古、湖南、四川、吉林、广东、安徽、江苏、湖北、江西、山

西、云南，以下简称重点区域）生猪、家禽、奶牛、肉牛养殖总量占全国的比例分别达到 79%、81%、71%、69%，超过全国养殖总量的半数以上。

（二）畜禽饲养由分散式向规模化发展，但现阶段仍以分散式为主

按照养殖形式和规模的不同，我国畜禽养殖主要包括规模化养殖（养殖场及小区等）与分散式养殖等类型。按照生猪年出栏 500 头、奶牛存栏 50 头、肉牛出栏 50 头、蛋鸡存栏 1 万只和肉鸡出栏 5 万只为规模化养殖标准统计，依据《2014 年中国畜牧业统计》数据，全国主要畜禽规模化养殖比例为生猪 42%、奶牛 51%、肉牛 28%、蛋鸡 36%、肉鸡 45%，比 2013 年增加了 0.3%～3%。尽管近年来规模化养殖水平有所提高，但除奶牛外，目前生猪、肉牛、蛋鸡、肉鸡总体仍以分散式养殖为主。与规模化养殖相比，分散式养殖存在设施不健全、管理粗放、污染分散等突出问题，而且主要分布在农村地区，对农村地区人居环境质量构成了严重威胁。

二、治理畜禽养殖环境污染具有重要战略意义

我国是农业大国，农村人口众多，在当前全面建成小康社会的决胜阶段，贫困和环境问题仍是广大农村地区需要补齐的两大突出短板问题。贫困与环境密切相关，脆弱、恶化的环境只能加剧贫困。实现消除贫困、全面建成小康社会的目标必须以保护环境为基本原则。

我国农村面源污染严重，根据《环境统计年报》，2014 年全国农业污染源中化学需氧量排放占全国污染物排放量的近 1/2，氨氮排放量占全国污染物排放量的近 1/3。而畜禽养殖污染是我国农业污染的主要来源，根据《环境统计年报》，2014 年畜禽养殖主要水污染物中，化学需氧量、氨氮排放量分别达 1 049.1 万 t、58.0 万 t，分别占农业污染源排放量的 95.2%、76.8%。部分地区畜禽养殖废物排放严重超过土地消纳能力，造成农田土壤环境污染，对农产品质量安全构成威胁。

可见，畜禽养殖污染在农村环境污染中占有很大份额，加快畜禽养殖污染治理对于改善农村地区环境质量，乃至于农村脱贫致富、实现小康目标具有重要战略意义。

三、农村畜禽养殖环境整治存在的问题

自 2008 年开始，中央财政设立了农村环境保护专项资金，推动各地开展包括农村畜禽养殖污染治理在内的农村环境综合整治工作，取得了重要进展。但是，农村地区分散式畜禽养殖污染问题仍未得到根本解决。通过对 2008—2014 年全国农村环境综合整治信

息数据进行分析，发现农村畜禽养殖环境整治存在的主要问题如下：

（一）资金总体投入不足

农村畜禽养殖污染治理资金需求巨大。从2008—2014年各地已完成验收的农村畜禽养殖污染治理项目统计来看，项目实际总投资共约23.7亿元，采取的治理手段包括建设粪便收集池、生产沼气或有机肥、依托粪便处置中心等，完成治理的畜禽按照猪当量统计共计2 845.9万头，平均每头猪当量治理资金约834元，由此估算全国农村畜禽养殖污染治理资金需求超6 000多亿元。

根据全国农村环境综合整治数据库信息，2008—2014年全国共投入509.2亿元农村环境综合整治资金，其中用于农村畜禽养殖污染防治的资金仅为42.6亿元，占资金投入总额的8%。全国31个省（区、市）中，有25个省农村畜禽养殖环境整治资金投入占其环境综合整治资金的比例不足10%。畜禽养殖污染治理资金实际投入与需求相距甚远，资金缺口巨大，中央及地方各级政府仍需加大资金投入。

（二）整治区域的针对性与覆盖度不足

从农村畜禽环境整治资金投入和整治区域来看，由于各地的统筹规划不完全到位，导致出现治理针对性与覆盖度不足的问题。以重点区域16省为例，从2008—2014年全国农村环境综合整治数据库信息来看，各省农村畜禽养殖环境整治资金投入差异较大。其中，黑龙江省资金投入量最高，达到11.1亿元；而河北、河南、云南等7省资金投入较低，不足亿元；其他省资金投入在1亿～5亿元。河南、山东、四川等省的畜禽粪便及化学需氧量、氨氮等污染物产生量位居前列，亟须优先加强治理，但其农村畜禽养殖环境整治资金的投入量低于其他省区，与黑龙江省相差最大超过10倍。

从重点区域的县域覆盖比例来看，2008—2014年吉林、湖南、山西开展了农村畜禽养殖环境整治的县域覆盖比例位居前列，分别为90%、84%、64%，四川县域覆盖比例接近51%，其余3/4的省县域覆盖比例不足50%。河南、山东县域覆盖比例仅分别为25%、5%。通过建设污染治理设施及综合利用项目等环境整治手段，部分农村地区分散养殖畜禽的废弃物得到了集中处理，但该部分畜禽数量仅占全国畜禽分散养殖总量的2.4%、6.1%、6.2%；可见全国仍有90%以上的分散养殖畜禽尚未得到综合整治，农村畜禽养殖环境整治面临的任务还很艰巨。

（三）地方投资力度与其责任主体地位不匹配

农村环境综合整治资金来源于中央专项资金、地方政府配套资金、村镇配套资金。农村环境综合整治的责任主体在于地方政府，治理的主体在于养殖企业和养殖户；中央财政资金是补助性资金，重在引导、推动地方开展农村环境综合整治。近年来，受地方政府财力制约，用于农村畜禽养殖环境整治的地方政府配套资金和村镇自筹资金投入比例较低，与其责任主体地位不完全匹配。2008—2014 年，在全国农村畜禽养殖环境整治的 42.6 亿元中，中央、地方政府、村镇资金占比分别为 44%、42%、14%；重点区域 16 个省中，仅有云南等 4 个省地方政府配套资金比例最高，广东等 2 个省村镇配套资金比例最高，其余省则以中央专项资金比例最高。

近年来受畜禽养殖成本增加、市场价格波动和疫病冲击等因素影响，畜禽养殖行业利润较低，加之畜禽养殖污染防治项目前期投入较大，很多养殖企业和养殖户处于投不起或投得起、运行不起的尴尬局面。缺乏多元化的资金投入渠道，导致农村畜禽养殖污染防治面临项目建设滞后、运营困难等问题，影响了畜禽养殖污染防治的成效。

四、加强我国农村畜禽养殖环境综合整治的有关建议

（一）加大资金投入和整治力度

自 2008 年实行“以奖促治”的农村环境综合整治政策以来，国家和地方已投入了大量的专项资金，但相对于我国各地农村畜禽养殖污染防治的现实需求，仍然存在较大的差距。

建议通过现有中央农村节能减排资金的引导、支持，地方各级财政积极落实配套资金并进一步加大投入，积极整合涉农资金，推进整县农村畜禽养殖环境整治。同时制定畜禽养殖废弃物处理和综合利用的优惠和扶持措施。

进一步拓宽资金渠道，逐步建立财政、企业、社会多元化投入机制；完善财税、信贷等经济激励政策，加快研究并出台针对开展畜禽粪便综合利用的养殖企业或第三方社会机构、综合利用设施及终端产品的优惠补贴政策，在政府主导、社会支持、村民参与的原则下，鼓励多方参与农村畜禽养殖环境整治。在加大资金投入的同时，各地应结合实际，针对重点问题和区域，科学统筹规划，确定目标任务，因地制宜制定整治方案，提高整治区域的覆盖率和效果。

（二）突出整治重点、强化评估考核

在全面推进农村畜禽养殖污染防治工作的同时，对不同地区、不同养殖规模的畜禽养殖单元区别对待，从资金投入等方面加大重点区域，尤其是养殖和主要污染物排放大省的整治力度，有针对性地实施一批重点工程，提高污染防治的成效。此外，建立科学合理的农村环境综合整治执行和绩效考核体系，加强对资金使用和项目实施成效的检查

评估，并根据评估考核结果，建立奖惩机制，客观合理地引导各级政府的资金投入方向和力度。

（三）强化农村畜禽养殖的环境监管

现阶段，我国农村畜禽仍以分散式养殖为主，管理粗放，污染治理设施缺乏。应通过各类扶持政策的引导，推动规模化养殖，减少畜禽养殖散户的比重。各地在摸清畜禽养殖、污染设施建设、污染物处理和综合利用情况的基础上，制定相关管理政策，明确环境监管的重点环节，严格畜禽养殖污染防治执法监管。同时，以源头控制和综合利用为主要环境污染防治手段，采取整县推进的形式，统筹考虑县域养殖业和种植业的有机结合，鼓励种养结合的养殖模式，提高畜禽粪便资源化利用水平，发展可持续的现代养殖业，逐步解决农村畜禽养殖污染问题。

可以看出，自2008年国家实行“以奖促治”政策以来，农村环境综合整治工作已经取得了明显成效。但是我国畜禽养殖污染防治工作任务仍然艰巨，需要深入分析总结已经存在的问题，结合实际，科学决策，加大力度，才能全面推进农村人居环境改善，为全面建成小康社会、建设美丽中国奠定坚实的基础。

我国畜禽养殖行业发展趋势与环境风险防范

（吴娜伟　董旭辉　陈颖）

【摘要】近年来，我国畜禽养殖总量持续增长。受产业政策和环保要求的引导，生猪、奶牛和肉牛养殖逐步向北方地区转移，尤其是大型规模化养殖场在东北地区落地。研究结果表明，规模化养殖在生产和环保上更有利于管理，但过度集中或超过当地环境容量的规模化养殖将带来极大的环境风险。主要表现在：一是局部密集养殖带来区域土壤和水环境风险；二是畜禽养殖高耗水加剧北方地区水资源供给压力；三是北方气候寒冷不利于粪污资源化利用和污染治理；四是养殖项目激增加重环境监管压力。为防止畜禽养殖作为“落后产能”将污染向经济欠发达地区转移，建议在发展养殖业的同时，首先，要合理规划，避免畜禽养殖过度集中；其次，要加强监管，重点把控规划项目准入和污染排放监督管理；最后，要建立政府主导、多方协作的社会化运作机制，推动种养结合，走绿色发展之路。

一、我国畜禽养殖行业发展趋势

近十年来，我国主要畜禽品种出栏量总体保持增长态势，同时受产业市场调控、行业布局调整、环境压力等因素影响，畜禽养殖规模化程度持续增长，传统养殖区域也逐步进行调整。

（一）畜禽出栏量总体增长，规模化养殖水平持续上升

随着经济增长和公众对肉蛋奶需求上升，我国畜牧业持续稳定发展，规模化养殖水平显著提高。《中国畜牧业统计》表明，2007—2016 年，猪出栏量由 5.65 亿头增加至 6.85 亿头，增长了 21%；牛出栏量由 0.44 亿头增加至 0.51 亿头，增长了 16%；羊出栏量由 2.56 亿只增加至 3.07 亿只，增长了 20%；家禽出栏量由 95.79 亿只增加至 123.73 亿只，增长了 29%。

同时，《中国畜牧业统计》还表明，2012—2016 年，主要畜禽品种规模化率持续增长：生猪由 38.5%上升到 44.9%、奶牛由 37.2%上升到 52.3%、肉牛由 16.3%上升到 17.5%、蛋鸡由 31.9%上升到 40.7%、肉鸡由 40.2%上升到 49.6%。规模化已成为我国畜禽养殖业的发展趋势，其中肉鸡和奶牛规模化养殖占比已经达到或突破 50%。按照“十三五”目标，我国畜禽养殖规模化水平将会不断提高，中小散养户退出的市场空间，将由大型的规模化企业来填补。

（二）养殖区域分布不均衡，猪牛养殖业向北转移趋势明显

我国各省养殖量不均衡，南方地区和中部地区是传统的养殖区域，如四川、河南、湖南、山东、湖北、江苏、安徽、江西、广西、广东等省（区）各类畜禽种类养殖量较高。随着行业布局调整，生猪和牛养殖逐渐向北转移，家禽和肉羊养殖布局变化不大。

一是生猪养殖业由南向东北转移。以 2014 年为基准，2016 年除西藏生猪出栏量略增外，其余省份均有不同程度下降，南方省份减幅远高于北方省份，浙江减幅为 32.2%，上海减幅为 29.6%，福建减幅为 13.6%，南方水网地区（包括上海、江苏、浙江、安徽、江西、山东、河南、湖北、湖南、广东）共减猪 2 298.2 万头，占全国减少量的 45.9%。而内蒙古和东北三省大量承接生猪养殖项目。2016 年内蒙古生猪出栏量 1 478 万头，较 2015 年增长了 64.5%，计划 2020 年生猪出栏量翻番。2016 年黑龙江省与广东温氏等企业签订了 27 个大型生猪产业项目，已开工建设的项目生猪总出栏量达到 1 650 万头，计划到 2020 年全省畜牧业产值占农业总产值 50%。

二是牛养殖业向东北、西北集中。东北地区的内蒙古、辽宁、黑龙江牛出栏量及占比持续增加，2015 年上述三省（区）牛出栏量 862.4 万头，占全国总出栏量的 17.2%，较 2005 年增加 152.72 万头，提高 3.8 个百分点。西北地区的甘肃、新疆牛出栏量及占比也呈增加趋势，2015 年上述两省（区）出栏量 436.7 万头，占全国总出栏量的 8.5%，较 2005 年增加 111.53 万头，提高 1.5 个百分点。与之形成对比的是，中部地区牛出栏量占比逐渐降低，2005—2015 年，河北、安徽、山东、河南四个养殖大省牛出栏量占全国总出栏量比例由 38.8%降低至 28.7%。

二、养殖业布局调整的主要原因

原农业部通过出台《关于加快东北粮食主产区现代畜牧业发展的指导意见》《全国生猪生产发展规划（2016—2020 年）》等政策文件，对全国畜禽养殖业布局进行调整，养殖业布局也越来越多地考虑环境和资源的制约因素。

（一）政策调整推动畜禽养殖业布局变化

2014 年以来，国务院和环境保护部、农业部相继出台了《畜禽规模养殖污染防治条例》《水污染防治行动计划》《畜禽养殖禁养区划定技术指南》等一系列旨在加强环境保护力度的法律法规和政策文件，明确规定了畜禽养殖禁养区要求，加强了畜禽养殖业环境监管。根据各省上报数据统计，截至 2017 年年底，全国累计划定畜禽养殖禁养区 8.4 万个，面积 82.6 万 km^2，累计关闭或搬迁禁养区内畜禽养殖场（小区）25.7 万个。禁养区政策对我国养殖结构占比最高的生猪养殖行业冲击最大，关闭或搬迁的多为养猪场，在一些地方禁养区政策被称为“禁猪令”。2016 年比 2014 年生猪出栏量减少 5 009 万头，降幅为 6.86%。2017 年生猪出栏 68 861 万头，相比上年略有回升，但存栏量却减少了 177 万头，此外，能繁母猪减少了 234 万头，很大可能是因为禁养使得生猪提前出栏。由此可以预见禁养区政策对生猪等畜禽养殖减量的影响还将持续。

（二）资源禀赋吸引养殖业向北转移

在畜禽养殖中，牛粪污产生量最大，猪次之。年出栏一万头猪的规模养殖场每年排出的粪尿超过 5 000 t，每天因清洁地面、冲洗粪道及猪饮水时浪费而产生的污水总量就达 100～150 m^3。牛的粪尿排泄系数是猪的 10 倍，粪污产生量更是惊人。目前，粪污处理最常见、最经济的方式是作为肥料还田，还田量基本上是“一亩地一头猪”或者“三亩地两头猪”，对农田面积和土地环境承载力要求较高。南方地区农田面积相对较小，猪多地少导致环境压力持续增大。而东北地区是我国粮食主产区，蔬菜、水果种植面积大，耕地土壤需肥量大，环境承载能力强，与南方地区相比资源优势十分明显。如黑龙江一个省的耕地面积就将近 1 600 万 hm^2，比上海、江苏、浙江、江西、广东 5 个省份的总和还高。

三、畜禽养殖业向北转移后潜在的环境风险

北方地区在大力发展畜牧业的同时，也会产生很多环境问题。以黑龙江省为例，2015 年全省畜禽养殖排泄物总量约 1.13 亿 t，随着省政府大力支持的“两牛一猪”项目逐渐投产达效，2020 年全省粪污总量预计接近 2 亿 t。畜禽养殖的爆发式增长不可避免地增加了接受地的环境承载压力，可能带来水环境、土壤等多方面的环境风险和污染转移等问题。

（一）过度集中养殖带来区域土壤和水环境风险

规模化养殖在生产和环保上更有利于管理，但是在有限区域内养殖过于集中也会带

来很多环境问题。畜禽养殖业转移到北方后，大多为大型规模化养殖场，并集中在部分城市及养殖大县，可导致局部地区养殖密度过大，超出当地土地承载能力。以黑龙江省为例，超过 90%的畜禽养殖集中在绥化、哈尔滨、齐齐哈尔、牡丹江、大庆、佳木斯 6 个地市，而这 6 个地市的耕地面积只占全省耕地面积的 37.6%。北方地区处理畜禽粪便的常规方式是，将粪便进行无害化处理后作为肥料就地就近还田。例如黑龙江省 2015 年有 94.26%的生猪养殖固体粪便经自然堆积发酵后还田利用。如果大量粪便缺乏足够的农田消纳，就可能污染区域土壤、地表水和地下水。并且，东北地区水环境质量现状并不理想。根据《2017 年黑龙江省环境质量状况》，上述绥化等 6 个地市地表水水质仅牡丹江市水质状况为优，其他 5 个地市水质均存在不同程度的污染，其中绥化市河流水质为中度污染，劣Ⅴ类水质比例高达 20%。因此，南猪北移可能造成北方局部区域养殖密度过大、污染水体和土壤环境，导致养殖“污染”向北转移，带来新的环境问题。

（二）生产高耗水加剧北方地区水资源供给压力

北方地区较南方地区水资源匮乏，大量的畜禽北上将对北方水资源供给造成压力。生猪养殖耗水量较高，根据有关测算，每头猪每个生长周期的用水量为 4～9 t，大规模的生猪养殖将加剧北方地区用水压力。以内蒙古赤峰市为例，该市 2016 年生猪出栏量为 394.74 万头，计划到 2020 年生猪出栏超过 1 000 万头，核算新增用水量 2 400～5 400 万 t/a，将会给当地地下水开采、利用带来压力。同时，紧邻内蒙古的华北地区地下水超采形势严峻，地下水漏斗区治理任务艰巨。目前，河北省为了减少地下水用量，甚至不惜牺牲一定粮食产量采取休耕等强力措施。南猪北移势必会增加畜禽养殖业用水量，如果不兼顾养殖业迁入区域的水资源平衡、盲目扩增养殖量，将加重北方地区水资源缺乏和地下水超采问题。

（三）养殖项目激增加重环境监管压力

随着东北地区养殖项目数量的增加，环境监管压力也明显加大。2015 年，黑龙江省畜禽养殖排泄物总量约 1.13 亿 t，生猪、奶牛、肉牛粪便占 88%。随着省政府大力支持的“两牛一猪”项目逐渐投产达效，2020 年全省粪便总量预计将接近 2 亿 t。但是，东北地区基层环保监管力量薄弱，尤其是乡镇一级专职环保监管人员几乎空白。在养殖业北移的趋势下，如何把好环保关，将会给北方地区的生态环保执法带来很大的挑战。

（四）气候寒冷不利于粪污资源化利用和污染治理

东北和西北地区的寒冷气候条件以及一年一熟的耕作制度需要长时间储存畜禽粪便，不利于对粪便及时资源化利用和处理，并且可能因储存不当导致污染物泄漏。以黑龙江省为例，几乎有半年的时间处于冷冻期。低温条件不利于粪便发酵，无论是制取沼气、生物天然气还是有机肥，自然条件都不如南方地区。北方的耕种活动通常在5—9月，在其他非耕种时节产生的畜禽粪便需要修建足够容积的储粪池妥善收集。如果储粪池容积不足，或是防渗措施不够，则容易发生粪便外溢，造成环境污染。

四、关于畜禽养殖环境风险防范的相关建议

东北和西北地区经济实力相对较弱，在遇到严重养殖污染的情况下，难以复制南方地区采取禁养并进行拆迁补偿的做法，因此在政策上要预防出现“先污染，后治理”的不良局面，畜禽养殖污染防治措施也应更贴合北方地区实际情况，既经济可行又安全有效。

（一）科学布局，避免畜禽养殖过度集中

加强畜禽养殖规划和规划环评，合理布局畜禽养殖。北方地区作为畜禽养殖承接地区，至少要在县域尺度对土壤和水环境资源承载力进行测算，将资源可持续再生能力和环境质量标准作为衡量养殖规模和养殖方式的基本依据，以最敏感的环境要素决定总体养殖水平。在耕地多、水少或水质较差的地区，以水定养；在耕地少或无法就近承接大量有机肥的地区，以废弃物资源化利用的条件确定养殖规模。

（二）强化监管，严格准入和污染防控

北方地区环境监管能力不足，如何在有限的人力物力下有效开展畜禽养殖监管，是现阶段地方急迫的管理需求。基于北方地区生猪养殖废弃物绝大多数还田利用的实际情况，地方环保部门监管中应突出监管重点、创新监管手段、提高监管能力。一是重点把住“一头一尾”，即项目建设和粪污利用或排放两个节点。在项目建设前期，监督新建畜禽养殖场选址的合理性，对超过环境承载力的建设项目要坚决制止；在粪污利用环节，根据养殖规模和还田耕地施肥需求，合理确定粪污储存池的容积，确保粪污不外排；对于需要排放污染物的规模养殖场，纳入排污许可证管理。二是创新管理手段。生态环境部门和农业农村部门加强畜禽规模养殖场直联直报信息系统联合建设，共享行业信息和监控数据，将资源化利用与污染治理融入行业发展，相互促进。充分利用卫星遥感、管理平台等现代化管理技术，推动养殖场信息化、自动化、系统化监管，提高管理效率。对养殖大县、养殖密集区周边土壤和地下水、重要水体，开展环境质量监测，及时采取有效措施防止环境污染。

（三）种养结合，推动粪污处理和资源化利用

充分利用北方地区土地资源丰富、土地规模化经营水平相对较高的特点，大力推广生态循环农业模式，系统规划种养业的发展模式和发展规模，实现种养业有机结合。建立政府主导、多方协作的社会化运作机制，整县推进养殖废弃物全量有效利用。落实养殖企业、养殖大户环境保护主体责任，鼓励专业技术公司整县收集处理畜禽养殖废弃物，提高专业化和规范化水平。在养殖密集区，强化分散养殖户的集中治理，依托规模化养殖场粪便处理设备设施，或委托专门从事粪便处置的处理中心，对周边养殖户的畜禽粪便和粪水实行专业化收集、运输和利用处理。借鉴黑龙江、重庆等地经验，粪污运输合理半径为 5 km、运输 1 m^3 粪肥补贴在 30～35 元时，可基本实现运输零成本。将补贴用在粪肥的运输和施用上，谁运补贴谁，谁施补贴谁，提高种养主体的自发能动性。

（四）产业升级，形成绿色生产方式

畜禽粪便污染治理的最终出路在于“用”，而粪肥使用的终端是农产品。相较于化肥，虽然以粪便为原料的有机肥施用成本高，但是施用有机肥的农产品品质具有明显优势。随着市场消费升级，消费者对于高品质农产品的需求量越来越高，这也为种养结合、粪肥利用带来了机遇。通过种养结合，延长产业链，提升绿色农产品价值，从市场找效益，以终端农产品销售的价格补贴前端有机肥施用成本，从而形成有机肥施用的内生动力。

规模化畜禽养殖行业环境影响评价工作亟待加强

（吴娜伟　陈颖　贾小梅）

【摘要】随着规模化畜禽养殖场（小区）的迅猛发展，大量增加的畜禽粪便和污水带来了许多环境问题，成为较严重的环境问题之一。由于畜禽养殖行业的特殊性，目前环境影响评价工作开展得比较薄弱，存在环评执行率低、缺乏规范性指导文件等问题。为了更好地推进和加强规模化畜禽养殖行业的环境影响评价，本文从加强规划环评、尽快出台项目环评导则及推动科研工作等方面提出相关政策建议。

随着规模化畜禽养殖场（小区）的迅猛发展，大量增加的畜禽粪便和污水带来了许多环境问题，成为较严重的环境问题之一。根据 2010 年 2 月发布的《第一次全国污染源普查公报》，畜禽养殖业 COD、总氮、总磷的排放量分别为 1 268 万 t、106 万 t 和 16 万 t，分别占全国总排放量的 41.9%、21.7%、37.7%，畜禽养殖污染已成为水污染的重要来源。由于养殖项目的特殊性，其项目建设所引发的环境问题已经成为公众焦点，因此畜禽养殖项目环境影响评价工作尤为重要，亟待加强。

一、规模化畜禽养殖环评存在的突出问题

（一）规模化畜禽养殖项目管理薄弱，环评执行率低

长期以来，人们普遍认为畜禽养殖是微利行业，无法承担防治环境污染的投资费用，这种认识已成为严格畜禽养殖环境治理的阻力。面对环保部门的整改要求，极少有企业或养殖户有能力或有意愿投资数十万元、上百万元建设治污设施，形成法不责众的局面。但在畜禽养殖发展迅速，规模化、集约化养殖程度不断提高的情况下，畜禽粪便污染物排放量及其对环境的污染威胁不断增大。

目前规模化畜禽养殖场的污染问题尚未得到足够重视。原国家环境保护总局曾在全国 23 个省、市进行调查，发现全国 90%的畜禽养殖场未经过环境影响评价，60%的养殖

场缺少干湿分离这一最为必要的环境管理措施，80%左右的规模化养殖场缺少必要的污染治理投资。

（二）畜禽养殖类项目环评规范性文件缺乏，编制内容不规范

目前对畜禽养殖类项目环境影响评价没有相应的导则，编制报告依据的规范和标准包括《畜禽养殖业污染防治技术规范》（HJ/T 81—2001）、《畜禽养殖业污染物排放标准》（GB 18596—2008）、《畜禽粪便农田利用环境影响评价准则》（GB/T 26622—2011）等。这些规范和标准仅是在畜禽养殖的个别技术上做了要求，没有从总体上要求畜禽养殖类建设项目的评价等级、评价重点、评价内容等。规范性文件的缺乏使得畜禽养殖业建设项目环评文本内容不一、质量参差不齐，也使得环境管理部门无法准确把握项目敏感问题。

（三）畜禽养殖项目环评效力低，无法避免布局不合理

我国畜禽养殖业布局基本以市场需求为考虑因素，多集中于人口多、市场大的区域。从总体分布上看，超过 80%的规模化养殖场分布于对畜禽产品需求较大的东部地区、华南地区以及大城市城郊，西部地区规模化畜禽养殖场的占有量较小。经济发达地区人口稠密，耕地面积有限，绝大多数畜禽养殖场没有相应的配套耕地，制约了粪便还田利用这一基础的削减污染方式。

在规模化畜禽养殖建设项目环评工作中，选址的合理性分析大多根据《畜禽养殖业污染防治技术规范》（HJ/T 81—2001）的规定，规避建在自然保护区、水源地、人口集中区域等。但该养殖场建设所在地周边是否有足够的土地消纳畜禽粪便，有机肥的运输距离是否经济等方面在现有环评中鲜有涉及。从已有的环评报告来看，若不存在禁养区等法律障碍，单从土地承载力等环境因素的角度很难对项目的选址建设提出好的建议。

（四）环评中污染治理措施不能因地制宜，实用性低

现阶段畜禽粪污综合利用的途径多为直接还田、制造有机肥、制取沼气等。环评中也多要求畜禽养殖废水、固体废物不外排，同时几乎所有环评都会要求对畜禽粪便进行干清粪处理。干清粪技术是畜禽粪尿固液分离，单独清除粪便的养殖场清理工艺。目的是减少粪污的产生量，同时减少进入液体相的 COD 和氨氮的数量，在必须要做到达标排放的情况下，干清粪能够减少后期处理的成本。但如果粪便综合利用的方式是制取沼气，并且需要较高的产气率，那么采取干清粪工艺，实际很可能导致费工费时，也造成资源浪费。此外，北方一些地区冬季寒冷，粪便制取沼气需要保温措施，实际操作不一定可行，不能千篇一律地采用沼气利用方式。

二、加强规模化畜禽养殖环评工作的建议

（一）规模化畜禽养殖业规划环评应与规划同步开展

2014 年年初实施的《畜禽规模养殖污染防治条例》中要求：县级以上人民政府农牧主管部门编制畜牧业发展规划……畜牧业发展规划应当统筹考虑环境承载能力以及畜禽养殖污染防治要求，合理布局，科学确定畜禽养殖的品种、规模、总量。从现有规划编制情况来看，国家层面已经启动了《“十三五”全国畜牧业发展规划》编制工作，地方层面甘肃、武汉等省（市）也正在开展“十三五”畜牧业发展规划编制工作。

在国家和地方开展畜牧业发展规划编制工作的同时，应同步进行畜禽养殖规划环评工作。畜禽养殖规划的环境影响评价作为预防和减轻规划实施后可能造成不利环境影响的有效工具，不但可以起到保护环境的作用，而且作为规划的一部分，对畜禽养殖业规划起着至关重要的促进作用，能够保证畜禽养殖业规划更加科学、合理、有效。

现阶段畜禽养殖规划环评技术体系和评价指标还有待研究和完善，还需要建立切实可行的畜禽资源环境承载力分析方法。建议针对各地土地消纳能力、粪便综合利用产品市场需求、经济发展程度等多方面的区别，在规划环评中根据实际情况建立多种模式进行预测分析。比如划分直接还田、厌氧发酵-农田利用、有机肥外售等不同模式，对畜禽粪便土地利用适宜性进行定量分析，确定养殖场布局合理性以及畜禽养殖总量。若土地承载力不足，在规划环评中要分析论证畜禽粪便综合利用的途径和可行性。

（二）尽快出台规模化畜禽养殖项目环评导则

在《建设项目环境影响评价分类管理名录》中，对下述规模的养殖场（区）进行环评报告书的编制：猪常年存栏量 3 000 头以上；肉牛常年存栏量 600 头以上；奶牛常年存栏量 500 头以上；家禽常年存栏量 10 万只以上的大型畜禽养殖场（区）或者达到上述规模的特种经济动物养殖场（区）。其他规模的养殖场做报告表。从名录中规定的规模来看，如此大量的畜禽集中养殖，若没有适宜的污染防治措施，将会给当地环境带来巨大的影响。

《畜禽规模养殖污染防治条例》中虽然规定了环评的重点内容，但是目前缺乏技术文件系统地规定畜禽养殖类项目环评报告的编制要求。因此，建议尽快出台规模化畜禽养殖项目环评导则，从工程分析、环境影响预测与评价、环保措施分析、环境管理及监测制度等各个章节做好内容设定和编制要求。同时，针对畜禽养殖的特点，建立畜禽养殖环境影响评价的指标体系和评价方法，按照“减量化、无害化、资源化”原则，根据养殖场的养殖种类、养殖规模、粪便收集方式、当地的自然及社会环境条件等，着重分析

规模化养殖场选址的合理性、废水及固体废物的综合利用或达标排放的可行性。

（三）规模化畜禽养殖项目环评中应合理确定废物处理方式

畜禽养殖清粪方式以及污染物处理处置宜针对不同的畜禽粪便种类及当地实际情况，区别对待，不能一概而论。

从全国畜禽标准化示范场实际运行中的清粪方式来看，由于各种畜禽饲养方式差异，清粪方式也存在较大差异。其中生猪目前以人工干清粪为主，在东北和华北比例最高，但在西北采用水泡粪和水冲清粪方式的比例较高；奶牛基本以人工干清粪和机械干清粪为主，东北、华东、中南和西南四个区域人工干清粪比例较高，华北和西北机械干清粪比例较高；蛋鸡各个区域基本一致，机械化程度较高，主要是刮粪板和传送带干清粪方式；肉鸡粪便清粪工艺在各个区域差异较大。根据标准化示范场的粪污处理模式情况统计，不同种类的畜禽养殖场处理模式种类繁多，归纳起来包括三种：综合利用、委托处置、达标排放。生猪、奶牛、蛋鸡、肉鸡粪污均以综合利用为主，占 81%～92%。

不同的畜禽种类与当地实际情况，决定了不同的处理处置方法和工艺。例如，牛粪和猪粪这些有机营养高的粪便适宜制取沼气，鸡粪适宜制造有机肥，有土地消纳能力的进行“种养结合”，土地资源少且有环境容量的可以加强污水和固体废物处理达标排放等等。因此环保部门应多加强对环评人员的培训工作，在环评工作中根据项目特点推荐技术工艺、设计污染物处理处置措施。

（四）加强科研工作，为规模化畜禽养殖环评提供技术支撑

规模化畜禽养殖规划环评和项目环评还需要一些科研工作的支撑，例如全国畜禽养殖土地承载力研究。

欧盟畜禽养殖业使用的畜禽场和农田进行配比是每公顷耕地 1.5 个畜单位；武汉市通过研究计算得出：如果粪便不经过任何处理，1 亩土地可“消化”1 头猪或者 10 只鸡或者 0.5 头牛的粪便。确定畜禽养殖土地承载力需要考虑多方面条件，例如畜禽养殖粪便排放与养殖环境、养殖方式、粪便收集方式、饲养水平、养殖种类等因素有关，粪便的环境影响与土地类型、土地数量与质量、作物品种、畜禽粪便处理与利用等因素共同作用等。在今后的研究中，可以逐步对全国各地区有针对性地进行畜禽养殖土地承载力研究，提出适合当地的养殖规模量，最终形成全国畜禽养殖规模划分标准指南。为规模化畜禽养殖规划环评和项目环评提供强有力的技术支撑。

随着我国各地规模化畜禽养殖的出现和发展，规模化畜禽养殖业所带来的环境污染问题越来越突出。对规模化畜禽养殖规划开展环境影响评价，对规模化畜禽养殖建设项目环境影响评价内容进行规范，是解决畜禽养殖污染问题的有效手段。

禁养区“瘦身”后畜禽养殖环境管理建议

（吴娜伟　贾小梅　于奇　刘海东　赵芳　董旭辉）

【摘要】伴随着禁养区的调减和生猪养殖产能恢复，如不加强行业规范化引导和污染防治管控，会面临生猪复养无序发展、局部区域环境质量下降、农村人居环境质量倒退以及可能引发环境社会风险等问题，地方政府对于上述问题亟须对策。对此，要保持清醒认识，既要支持生猪养殖产能恢复，又要严控环境污染，要用科学的环境管控推动行业的有序和高质量发展。具体包括：统筹规划引导畜禽养殖科学布局，分类管理强化畜禽养殖监管效果，政策引导技术帮扶推动畜禽养殖绿色升级，以及通过政策评估加强环境社会风险的防范应对等。

2018 年下半年以来，受非洲猪瘟疫情、生猪市场周期性波动等多重因素影响，猪肉供给不足、肉价暴涨，引起社会各界的广泛关注。为应对社会关切，生态环境部及时采取行动，派出 20 个调研组深入全国 200 个生猪养殖大县开展现场调研，并针对地方政府禁养区的科学划定情况及合理“瘦身”提供帮扶和指导。发展中心积极参与调研帮扶，组织队伍赴江西、广东、山东等省的 30 个生猪养殖大县开展现场工作。调研结果表明，各地方不同程度存在禁养区超划情况，无法律法规依据划定的禁养区面积平均占比 12%左右，推算到全国将有超过 10 万 km^2 的面积需要调出禁养区。在生猪保价稳供政策和猪肉价格上涨刺激下，一些传统养殖地区生猪养殖场（户）补栏意愿持续高涨，极易复养。禁养区“瘦身”后，地方可能在产业发展、环境保护、社会稳定等方面面临一系列风险挑战。因此，我们积极研讨生猪养殖环境管理对策，以期为防范环境与社会风险、促进生猪养殖产业稳定绿色健康发展提供科学决策依据。

一、禁养区“瘦身”面临的环境风险挑战

（一）“瘦身”的禁养区可能面临养殖业复养后再次无序发展的问题

当前生猪市场需求大、政策扶持力度大，增强了养殖场（户）复养动力。一是市场供应缺口大。农业农村部监测数据显示：截至 2019 年 9 月底，我国生猪存栏同比下降 41.1%，能繁母猪存栏同比下降 38.9%，生猪市场供应量严重不足。二是肉价上涨幅度大。市场监测数据表明，到 2019 年 10 月底，全国农产品市场猪肉批发均价达到 51.93 元/kg，是上年农产品市场猪肉批发价格（19 元/kg 左右）的 2.7 倍。三是政策扶持力度大。国家多次出台文件，从资金补贴、用地、运输等多方面推动生猪保价稳供工作，大力支持规模生猪养殖场和散养户恢复生猪生产。面对较高的市场回报率和优惠的扶持政策，生猪养殖场主复养意愿持续增强。同时，畜禽养殖禁养区“瘦身”后，为有复养意向的养殖场主提供了更多的建设空间。但调研发现，目前多数地方政府并未对“瘦身”区域有明确的行业发展指导思路和规划。在恢复生猪产能、稳定供给的压力下，若不能系统谋划，将会导致区域内畜禽养殖业的无序发展。

（二）“瘦身”的禁养区生态环境质量存在下降的风险

调研发现，畜禽养殖需要大量用水，特别是非规模养殖场（户）为了取水方便和冲洗圈舍，更愿意将栏舍建在水体周边，河流、湖库周边是本次禁养区“瘦身”的主要区域之一，此外还有一些禁养区邻近敏感水体（水源保护区等），若不采取合理的污染防治措施会造成水体污染隐患，为改善区域水环境质量，很多地方政府把上述区域划入禁养区。如江西省余江县，为确保水环境质量考核达标，地方政府将辖区内信江、白塔河沿岸 500 m 全部划为禁养区，关闭或搬迁了所有规模化和非规模化养殖场（户），目前辖区内各级水环境质量监测断面均能满足考核要求。根据第一次污染源普查结果，全国非规模畜禽养殖 COD、总氮、总磷、氨氮的产生量占比均超过了 50%。水体周边禁养区调出后，无序、不规范的养殖方式会带来水环境质量反弹的风险。

（三）“瘦身”的禁养区农村人居环境质量面临倒退的风险

农村居民集中区及其周边也是本次禁养区“瘦身”的主要区域之一。我国农村居民一直有开展家庭养殖或就近养殖的习惯，养殖栏舍与居民区混杂，养殖臭气影响问题突出，投诉居高不下。全国“12369”年度统计结果显示，畜禽养殖的环保举报量呈现增长趋势，2018 年举报数量达到 63 910 件，居环保举报热点行业第三名。地方政府在推动农

村人居环境改善时，村庄内的生猪养殖清理成为重点任务之一。禁养区“瘦身”后，乡村居民居住区及其周边可以复养，目前已经取得明显改善的农村人居环境可能面临环境质量下降的风险。

（四）“瘦身”的禁养区将可能成为环境社会风险事件的高危区

从2019年9月国办发文要求对超越法律法规规定范围划定的禁养区立即进行调整以来，生态环境部和地方生态环境厅局陆续接到投诉和信访，要求对错划的禁养区内拆除的养殖场进行赔偿。从发展中心参与调研的30个县来看，需调减的禁养区内关闭搬迁的生猪场（户）数约4 000个，推算到全国将以万计。这些养殖场主若没有正确的引导，面对地方政府政策反复导致的经济损失，可能会引发信访事件的集中爆发、局部地区公众与政府间存在经济纠纷等情况，增加社会不稳定因素。同时也给地方政府的公信力造成负面影响，处理不当可能引发环境社会风险。

二、禁养区“瘦身”后的环境管理建议

畜禽养殖禁养区划定是规范养殖布局、促进畜禽养殖业科学有序发展的重要举措。但当前出现的猪肉供应不足和肉价暴涨这一非常态现象，暴露和放大了一些地方政府在畜禽养殖中一直存在的“以禁代管”“以禁代治”的简单化管理问题。禁养区“瘦身”后，生猪产能将会快速恢复和提升，对今后畜禽养殖的科学规范管理提出更高的要求，为此提出如下建议：

（一）以统筹规划引导畜禽养殖科学布局

禁养区调整后，地方政府部门应尽快开展畜禽养殖规划和规划环评工作。以县为基本单元，按照区域环境敏感程度的不同，统筹养殖业空间布局和生态环境准入要求，制定差别化的行业绿色发展指导和生态环境保护应对策略。

一是对于邻近水源保护区准保护区、自然保护区实验区等敏感区的“瘦身”区域，应发展适度规模养殖，提高养殖企业的环境准入要求，采取严格的污染防治措施加强环境监管，防止发生污染水源地、自然保护区等环境事故。

二是对于河流、湖库、岸带等水体周边的区域，应在水质功能要求和水环境考核任务的目标下，在充分利用畜禽养殖粪肥资源的基础上，以保证水环境质量达标为前提合理测算畜禽养殖规模总量。与相关部门做好养殖需求意愿的衔接，提前预警管控，有序实施复养。从区域环境管控上，对河流、湖库、岸带等水体周边区域实施风险预警防控管理，及时跟踪监测，避免出现养殖“一哄而上”造成水体水质超标的情况。

三是对于非敏感区域和水体周边区域，地方政府应主动作为，统筹研究区域土地资源承载能力，鼓励采取种养结合的方式推动畜禽养殖业的科学发展。地方政府应科学规划区域畜禽养殖粪肥的资源化、能源化利用途径，整合涉农资金，提升区域畜禽养殖污染治理基础设施能力，通过规模化、综合化的畜禽养殖污染治理体系的建设，帮助养殖户或养殖企业降低污染治理成本。

（二）以分类管理强化畜禽养殖监管效果

调研结果表明，此次非洲猪瘟对非规模养猪场（户）的冲击更为明显，客观上加速了畜禽养殖规模化进程。但由于我国国情特点，非规模养猪场数量占总养殖量的 50%，并在很长一段时间内仍会居高不下。在现阶段强化分类管理，有助于提高监管效果和措施的可操作性。

一方面，通过信息化等手段加强规模化养殖场的环境监管。对于规模化养殖场，相关管理要求完善，已出台的《畜牧法》《畜禽规模养殖污染防治条例》等法律法规文件对规模化养殖场需要履行的污染防治责任，包括依法选址、依法环评、配备污染治理设施、遵守排污许可管理规定和环境税规定等有明确的要求。但由于我国农村环境保护工作起步晚，工作基础相对薄弱，畜禽污染防治工作更是面临养殖场底数不清、污染防治设施建设水平和运营状况不明的问题，基层生态环境保护部门能力建设尚需提升，规模化养殖场一直处于被动监管的局面。以畜禽养殖建设项目环评为例，若养殖场主不进行环境影响评价报批或备案，地方生态环境保护部门无从获取项目信息，更谈不上监管。

信息公开、数据共享是强化和推动规模化养殖场环境监管的重要方式，可借助目前正在建设的生态环境保护信息化工程，对接农业农村部的畜禽养殖直连直报系统，及时掌握畜禽养殖场建设、污染物处理和综合利用情况等，实现畜禽养殖环保信息的动态管理，可有效提升监管效率。借鉴地方经验，重庆市畜禽养殖污染防治信息化工作起步较早，2015 年即启动了畜禽养殖环保基础信息管理平台建设，当地养殖场建设、运行和环境管理信息全部录入，后期与农业农村部畜禽养殖粪污资源化直联直报考核系统对接，实现了管理场户一致。该系统运行后，重庆畜禽养殖建设项目环评执行率从 2013 年的 36% 提升至 2018 年的 80%，为畜禽污染防治事中事后环境监管提供了基础。

另一方面，以多元施策、因地制宜的方式构建非规模化养殖的环境监管体系。对非规模化畜禽养殖场户，我国现阶段的法律法规中没有明确的管理要求，基本处于缺法规、缺手段、缺措施的状态。很多非规模化畜禽养殖场生存周期不固定，大多没有污染治理设施，冲粪废水直排、粪便乱扔乱堆、气味难闻，严重污染当地环境，是周边群众投诉的热点问题。

但非规模化养殖场户因规模效益，污染治理投资成本高，只采取末端治理的方式难以获利。为科学引导非规模化养殖场户进行污染防治工作，可将废弃物禁止乱排乱放作为环境监管的底线，要求各养殖场户必须配置足够容量的粪污贮存腐熟池，禁止乱堆乱倒。同时鼓励通过村民自治等方式，建立以县级政府为责任主体、群众监督相结合的非规模化畜禽养殖环境监管体系，对污染严重的散养密集区域，督促地方政府以还田利用为主要途径，制定综合整治方案。可借鉴美国经验，对 1 000 个动物单位以下的非点源污染采取科学规划、经济激励相结合的手段进行有效监管。美国专门设有非点源污染的管理部门，通过采取国家、州和民间社团制订的污染防治计划、示范项目、良好的生产实践推广、生产者的教育和培训等综合措施科学合理地利用养殖废弃物。联邦政府和各州会提供部分专项经费用于支持一些控制非点源污染的项目，预防水环境污染。这些管理措施既避免了对规模较小养殖场的过高要求，也开展了必要的环境管理。

（三）以精准帮扶推动畜禽养殖绿色升级

实践证明，畜禽养殖污染防治必须走资源利用与环境监管相结合的路径，通过政策引导和技术帮扶，解决地方政府和养殖企业在污染防治方面的问题，从而推动养殖业升级和绿色健康发展。

在政策引导方面，做好能源化利用和肥料化利用多途径支持政策。配合农业农村部、国家能源局等部门，出台生物质能利用的财政贴息和后端有机肥产品奖补等政策，从畜禽养殖废弃物肥料化和能源化方面进行科学引导。

肥料化利用多适用于非规模化养殖场粪污处置，可通过政策扶持粪污收集、处置合作社和专业公司等，或是对有机肥运输和使用进行补贴，降低有机肥的使用成本。如广西玉林市由政府扶持村民成立粪肥收运还田服务合作社，对养殖场户积存的沼液粪肥实施有偿清运，再有偿送至果、菜、林等用肥大户并实施机械化喷施，同时实现了养殖户粪污处理和种植户增收。

能源化利用是规模养殖场畜禽粪污资源化利用今后发展的方向，农业农村部近年来针对大型沼气和生物天然气工程进行补贴。同时能源化利用的探索可与农村地区分布式能源供给相结合。例如，中广核在新疆呼图壁建设了利用养殖粪肥和秸秆日产 2 万 m^3 的生物天然气项目，与周边规模化的种牛养殖场联合，在消纳养殖场粪便之外，生产的生物天然气为地方公共交通提供燃气保障，实现双赢。

在技术帮扶方面，推广可持续、可复制的技术模式。现阶段畜禽污染防治技术主要分为处理达标排放和资源化利用两大类，工艺众多且基本成熟。但畜禽粪污的处理和利用效果与自然条件、经济条件、土地产权等诸多因素相关，同一技术模式在不同地区使用效果会有差距。随着生猪养殖逐步回暖，不少地方政府或者养殖企业期望得到专业环保指导，减轻环境影响。尤其是对于非规模化养殖场，自身不具备粪污治理技术能力，也缺少资金，更需要政府的扶持引导，选取低成本、便维护的技术，以及适合当地的粪污收集、利用模式。目前，可考虑借助国家生态环境科技成果转化综合服务平台，为地方政府和企业提供畜禽养殖污染防治技术支撑和经验借鉴。

（四）以事前政策评估加强环境社会风险的防范与应对

从 2001 年至今，国家发布了一系列政策，从开始的严控污染排放到现在的推动畜禽粪污资源化利用，愈加凸显促进畜禽养殖业绿色健康发展的理念。对于畜禽养殖粪便等本身具有较大资源化潜力的管理对象，适宜以激励型政策为主，避免过多使用约束性手段，防止政策执行成本过高，甚至执行偏离的情况。例如此次禁养区排查工作发现部分地方政府以改善生态环境质量等名义，随意扩大禁养区范围，以禁养代替管理，违背了禁养区政策制定的初衷。因此，建议一是对现有的畜禽养殖污染防治政策体系进行评估，判定政策实施效果，发现政策执行过程存在的问题，为今后进一步优化后续政策奠定基础。二是对今后的畜禽环境政策进行评估，预判影响范围和实施效果，尤其是在评估约束性政策时，要考虑到可能引发的环境社会风险，制定好防范预案，同时也有助于对政策目标、约束范围、责任边界、监管机制等进行详细的规定，提高政策实施的可行性与实效性。

控制水产养殖面源污染　助力农业农村污染治理攻坚战

（崔艳智　董旭辉　于奇）

【摘要】当前，我国水产养殖业基本形成高密度、高投入、高产出、高污染的现状和格局，治理水产养殖污染已成为控制面源污染、打好农业农村污染治理攻坚战的重要内容。水产养殖污染主要由残饵、肥料、残药以及生物代谢废物在养殖水域中过量累积造成。一方面，高密度养殖增加了投饵投肥投药量；另一方面，劣质饵料滥施滥用加剧了污染。水产养殖尾水的直接排放，以及底部沉积物的随意处置，进一步扩大了污染范围和环境影响隐患。为此，中日友好环境保护中心联合华中农业大学对水产养殖面源污染的现状和特征进行了合作研究。研究结果表明，目前我国水产养殖面源污染形势严峻，对养殖尾水及底泥的监管亟待完善，对此提出以下四方面建议：一是源头控制污染，加强养殖规模和投入品的管理；二是加快技术研发，培育和推广尾水及底泥处理实用技术；三是弥补监管“漏洞”，严格管控养殖尾水及底泥的排放处理；四是转变养殖方式，实现水产养殖与生态环境保护双赢。

水产养殖污染是农业面源污染来源之一，依据新的部门职责分工，生态环境部对水产养殖污染的监管几乎尚处空白状态，短板亟待补齐。为更好地控制水产养殖面源污染，助力农业农村污染治理攻坚战，中日友好环境保护中心联合华中农业大学，在研究我国水产养殖面源污染现状和特征的基础上，结合对典型水产养殖区域（湖北、广东、江苏等）的调研，提出水产养殖污染治理相关建议。

一、我国水产养殖现状及发展趋势

我国是世界上最大的鱼类捕捞国、水产养殖国和海产品出口国。养殖布局上，2017年我国水产养殖量约占全国水产品总量的 78%，其中 80%以上的淡水养殖产量集中在长江流域、珠江流域，主要水产养殖区广东、湖北、江苏等 3 个省份水产养殖产量约占全国总产量的 41%，形成了高密度的养殖格局。养殖方式上，我国淡水养殖以池塘养殖与水库养殖为主，其中池塘养殖面积最大，约占水产养殖总面积的47%；其次为水库养殖，占比约为30%。

“十三五”期间，我国渔业逐步由“捕捞为主”向“养殖为主”转移。2018年《世界渔业和水产养殖状况报告》显示，在我国乃至世界范围内，由于过度捕捞，海洋渔业资源处于持续下降状态，加之国家对于捕捞渔业的限制，水产养殖业仍会持续扩大。《全国渔业发展第十三个五年规划》（2016—2020年）将渔业定位为国家战略产业，在此期间乃至未来较长一段时间内，我国水产品市场空间会继续增大，居民对水产品的需求仍呈刚性增长，预计2020年我国城镇居民人均水产品消费支出将达到658万元，比2016年增长约22%。

防控水产养殖污染是贯彻落实绿色发展新理念、推进生态文明建设的重要环节，如何实现水产养殖与水环境保护协调发展，是水产养殖业必须尽快解决的一大难题，也是打好农业农村污染治理攻坚战的重要内容。

二、水产养殖面源污染的主要来源与污染特征

（一）我国水产养殖面源污染的主要来源

一是残饵、肥料、残药及生物代谢废物在养殖水域中过量累积造成水质下降。首先，高密度养殖增加了投饵投肥投药量。为追求产量，多数养殖人员选择高密度水产养殖方式。我国水产养殖长期处于集中分布、高密度、高产出的养殖状态，规模化的水产养殖大多超过水体可承载的容量。随着水产养殖密度增大，养殖投饵率也快速升高，2017年我国水产养殖饲料产量达到2 080万t，比2000年增长了约3倍。同时，在高密度的养殖作业中，水产品呈现高度聚集趋势，鱼类等病虫害发病率增加，养殖人员投入大量渔药防治病害，破坏了水生生态系统。其次，劣质饵料滥施滥用加剧了污染。多数养殖人员技术水平偏低，过多注重成本，对饲料和药物等投入关注不够，往往选择环保性能较低的饲料，甚至盲目使用有问题的不良饲料、原料，引发大量残饵、肥料、生物代谢废物在养殖水域中过量累积，水体自净能力下降。水环境因较高比例氮、磷等物质的进入，造成水体富营养化，从而进一步降低水体透明度及氧气溶解量，形成恶性循环。

二是尾水未经处理直接排放。当前我国水产养殖业普遍缺乏对尾水的处理措施。相当一部分饵料因质量、适口性、溶失作用等原因残留在水体中，使得养殖尾水中含有较多重金属、有机物、过量营养物质、残留药品等，绝大多数养殖尾水未经处理直接排入附近沟渠、水体、土壤中，造成附近水体及周边环境污染。

三是底部沉积物随意处置。水产养殖环境中底部沉积物通过再悬浮、溶解、释放等过程产出残饵、水生生物粪便和排泄物等，引发水体二次污染。我国在水产养殖底泥方面的处理及监管几乎空白，绝大多数底泥或长期深埋水底，或随意堆放在池塘周边、附近农田及土壤中，使得沉积物中的有毒有害物质逐渐渗入水体、水生生物及土壤中，对环境造成危害，甚至影响到水产品及农产品的质量安全。

（二）我国水产养殖污染现状及特征

一是水产养殖渔业水域水环境质量仍在下降。2011—2015 年，我国湖泊、水库重要渔业水域水环境监测结果显示，总氮、总磷污染比较严重，超标面积占监测面积的比例基本维持在 80%以上；2015 年，湖泊、水库重要渔业水域中总氮、总磷和高锰酸盐指数的超标比例分别约为 85%、81%和 49%。2016 年全国重要渔业水域的总氮、总磷、高锰酸盐指数和铜超标面积在 2015 年的基础上又有所增加。

二是水产养殖污染易扩散。养殖水及底泥中大量残留的渔肥、渔药等物质不仅直接影响到水环境，还极易扩散引发其他环境要素污染。尾水直排及底泥随意堆放，导致有毒有害物质进入附近水域及土壤中，污染养殖水域及其周边环境，进而影响植物、农作物的生长和品质安全，产生“连环污染”。尤其是一些性质稳定的药物，难以被水环境中的微生物分解，长期积累并通过生物链逐渐转移放大，对整个水域生态系统及人类身体健康造成危害。

三是水产养殖方式易引发污染。首先多数养殖人员专业能力低。水产养殖对技术要求较高，但多数养殖人员技术水平偏低，过度依赖饲料商家指导，不能科学合理地选择投喂物。过度使用渔肥渔药，导致水体呈现多种多样的污染。其次养殖环境封闭。养殖水大多处于一个封闭型的、以人工调控为主的半人工控制生态系统，环境容量有限、地理特征封闭使得水体交换和物质循环能力低下。养殖过程产生的残饵、残药、排泄废物等污染物不易转移和扩散，经微生物分解后产生大量氨氮、硫化物等有害物质沉积在塘底，引发水体缺氧、黑臭，造成“富营养化”。最后网箱养殖设置不当。网箱养殖限制了水产动物的活动，对底质产生影响，因水体交换条件差，在网箱中投入渔肥、渔药等物质后，容易产生污染物的积累，导致水体富营养化甚至赤潮。多数研究表明，网箱区、围网区与对照区相比，总磷、总氮含量较高，透明度和溶解氧较低，并对附近水域水质产生了一定影响。

三、加强水产养殖面源污染监管的有关建议

（一）源头控制污染，加强养殖规模和投入品的管理

一是合理确定养殖规模。科学制订水产养殖规划，落实养殖水域滩涂规划制度，严格依法划定禁养区、限养区和养殖区，合理安排养殖生产布局，科学确定养殖规模。

二是源头控制水产养殖污染。首先严格管控渔药、渔肥等投入品的使用，加强对投入品生产、流通的监督管理。严格规范企业生产、销售饲料和鱼苗等情况，严厉禁止不符合国家相关标准的不良苗种及高毒、高害的渔肥、渔药等物质生产、流通。积极推广高效优质饲料，加强对养殖人员的技术考核和评估。其次全面提高养殖人员专业技术和环保意识。水产养殖专业技术人员应当按要求经过职业技能培训并获得职业资格证书后上岗。采取知识讲座、宣传教育、指导帮助等方式提高养殖业整体的技术水平与环保意识。水产养殖单位和个人要认真规范做好水产养殖生产记录、用药记录等，坚持对症用药、适时用药和适量用药，坚持达标防治。

（二）加快技术研发，培育尾水及底泥处理实用技术

加快研发尾水处理及底泥修复治理技术，鼓励采取进排水改造、生物净化、人工湿地、种植水生蔬菜花卉等养殖尾水综合利用与无害化处理技术措施，开展集中连片池塘养殖区域和工厂化养殖尾水处理；通过底泥修复处理、植物吸附转移、回收利用等方式提高养殖过程中底泥等废弃物的综合利用率。

（三）弥补监管“漏洞”，严格管控养殖尾水及底泥排放

当前缺乏水产养殖污染防治的地方标准与有效管理措施，水产养殖污染治理必须加强源头控制，避免污染物的转移扩散。

一是加快传统池塘的升级改造，完善尾水、废弃物收集处理装置。大力推进养殖池塘标准化升级改造，开展水产养殖面源污染防治专项行动。合理选取适宜的水质净化设备、养殖尾水处理和粪便收集等装置，构建完善环保设施系统。

二是强化环境监管，明确职能分工。生态环境部和农业农村部等部门应加强水产养殖监管合作，设立完整的水产养殖业管理系统，把环境问题纳入水产养殖业的管理要素中，尽快制定出台更加严格、明确的法律法规。在现有职能分工情况下，应进一步细化养殖管理部门的环保职责和监管部门的监管制度，加强日常巡查和养殖监督执法。

三是加强对养殖水域的生态环境监测。加强水产养殖污染监测和养殖区域环境质量

监测，建立健全养殖水域及其周边的环境预警评价机制。加快研发使用高科技自动监测设备，全力推进水产养殖机械化、管理自动化、用药合理化，及时掌握养殖区的环境质量情况和变动趋势。

（四）转变养殖方式，实现水产养殖与水环境保护双赢

我国水产养殖业面临资源短缺、污染防治、疫病防控等一系列问题，监管水产养殖污染不能搞“一刀切”。要加大养殖科技投入，加快推进实施水产养殖科研重点研发计划，鼓励水产养殖单位改变单一、高密度、大量投饵网箱养殖的方式，推广综合种养、鱼菜共生、池塘循环水等多种生态养殖模式，积极开展绿色养殖技术模式集成和示范建设，推动传统水产养殖场生态化、休闲化改造，引导水产养殖业绿色、持续发展。

第四篇 农业农村环境监管

中日农村环境管理对比及对中国的启示

（贾小梅 王亚男 董旭辉）

【摘要】对比中日农村环境管理发展历程及其社会经济背景，发现两国既有相似性也有较大不同：一是日本没有独立的农村环境管理概念，其自 20 世纪 70 年代全面开展环境保护工作以来，农村和城市就是作为一个整体统筹推动的。农业和农村在我国社会经济中的独特地位决定了我国的农村环境管理工作难以直接照搬照抄日本等发达国家经验，必须走一条适应我国国情的特色道路。二是两国都经历了农业在国民经济中占比持续下降、城镇化率持续上升的过程，可以大致看出我国农村环境管理当前所处的大致阶段；日本农村发展也经历了我国目前正在经历的空心化阶段，而日本巧妙地利用这一契机实现了农业和农村现代化，为我国解决当前空心化对农村环境管理的影响问题提供了思路。三是日本的农村环境管理经历了从人居环境整治到种植业污染防治再到禽畜养殖污染防治的不同发展阶段，循序渐进，逐步展开，为我国确定农村环境管理工作重点和方法步骤安排提供了借鉴。四是日本环境省在行政管理层面直接面向地方政府，一般不直接对接地方环境主管部门，为我国确立农村环境管理工作机制提供了参考。

在开展农村环保工作的具体举措上，日本也有较多可借鉴之处：一是以完善的法规政策体系保障农村环境管理，二是以精准的财政补贴支撑农村环境管理，三是以科学的规划和技术标准体系服务农村环境管理，四是以规范的行业和市场服务体系推动农村环境管理，五是以亲民务实的环境宣传教育助力农村环境管理。

日本与我国在历史上同属东亚传统的小农经济国家，在社会、经济、文化等方面的发展历程和存在的问题具有共通性。日本农村社会、经济与生态环境管理随发展不断调整适应，其间政府也数次推动乡村振兴。对比研究中日两国农村环境管理及其背后的社会经济因素，可以为中国的农村环境管理在工作思路和具体举措方面提供借鉴和参考。

一、中日农村环境管理发展状况对比

（一）发展历程对比

1. 日本农村环境管理发展历程

日本在 20 世纪 70 年代初就实现了城乡一体化，农村环境保护工作是在城镇化高度发展后，与城市环境保护工作统筹开展的。

前溯到明治维新时代，日本已出现了农村环境管理工作的萌芽。1887 年，日本首次制定了《传染病预防法》，推动生活污水、粪尿等的规范处理。20 世纪 20—40 年代，日本经济高速发展，出于提高农村生活质量的考虑，日本出台了《水槽便所取缔规则》，首次明确了净化槽结构、出水水质、维护管理标准。该法是《净化槽法》的前身，在客观上减少了农村生活污水对地表水环境的影响。

20 世纪 50—60 年代发生的多起公害事件给日本社会带来了巨大震动，环境保护提上了日本中央政府的重要日程。1971 年日本环境厅正式成立，统筹负责环境管理，农村地区环境管理也是其重要工作内容。

20 世纪 50—80 年代，日本大力推进农村生活污水治理，80 年代后期农村生活污水治理通过立法不断完善；90 年代之后，为应对国内生活垃圾危机，日本制定了一系列法律法规。农村生活污染防治的法规政策制定数量在 90 年代达到顶峰。80 年代末 90 年代初，日本国内农产品中毒事件时有发生，种植业污染引发全社会关注。1992 年日本政府首次提出"环境保全型农业"概念，其关注点从基本框架下的"农业"扩大到"食品"以及发展环境友好型农业上，多项法律法规、政策、规划计划等不断完善。20 世纪末，日本开始关注畜禽养殖污染防治。1999 年颁布了《家畜排泄物的管理的规范化及利用促进的法律（家畜排泄物法）》，于 2004 年 11 月正式施行。2007 年和 2015 年日本政府制（修）订《家畜排泄物法新基本方针》，针对畜禽养殖污染，要求实施与耕种需求相结合的堆肥。

目前，日本的农村环境管理日趋完善，法律体系、支撑技术逐渐完备，管理重点由"公害治理"型到"环境保全"型，进而到"环境友好"型，内涵更加丰富，效果更加凸显。

2. 我国农村环境管理发展历程

1999 年发布的《关于加强农村生态环境保护工作的若干意见》标志着我国农村环境管理工作的开端。

1999—2007 年是我国农村环境管理的起步阶段，这一时期原国家环境保护总局将控制农业面源污染、农村生活污染和改善农村环境质量作为农村环境保护的重要任务纳入

《国家环境保护“十五”计划》，相关部门陆续出台或修订一系列文件，指导各地开展农村环境保护工作。虽然关于农村生活和农业生产污染防治的内容逐渐清晰，但由于没有资金保障和技术支撑，各项政策的可操作性较弱。

以 2008 年启动实施的农村环境综合整治行动为标志，我国农村生态环境保护工作进入局部集中治理阶段。各地在短时间内集中解决了一批农村突出环境问题，积累了大量农村环境管理经验。2008—2017 年，中央财政累计安排农村环保专项资金 435 亿元，支持各地开展农村环境综合整治。截至 2017 年年底，全国已有 13.8 万个村庄完成环境综合整治，近 2 亿农村人口直接受益。

2017 年年底召开的党的十九大意味着农村生态环境保护开启了全面推进的新阶段。党的十九大明确提出实施乡村振兴战略，治理农业农村污染成为实施乡村振兴战略的一项重要任务。2018 年年初习近平总书记在中央财经委员会第一次会议上指出，要打好包括农业农村污染治理攻坚战在内的七大攻坚战。在 2018 年 5 月 18 日召开的全国生态环境保护大会上，总书记进一步强调，要持续开展农村人居环境整治行动，打造美丽乡村，为老百姓留住鸟语花香、田园风光。目前，我国已将农村生态环境管理提到前所未有的高度。

与日本相比，我国农村环境管理工作起步晚、任务重，面临巨大挑战。

（二）社会经济文化背景对比

农村环境管理与农村和农业发展密切相关，深刻地受到农村社会经济文化背景的影响。

1. 日本不同阶段农村及农业发展状况

日本最初开始关注农村污水治理的明治时代，社会偏重工业而忽视农业的发展，农村地区的工业仅限于传统农副产业、农具制造等农村自给自足产业。1920 年，日本农业对 GDP 的贡献率为 24.7%，低于工业对 GDP 的贡献率（32.1%）和服务业对 GDP 的贡献率（43.2%）。城镇化率仅有 18%，农村仍是日本社会的主要形态。

20 世纪 40 年代，日本农村环境管理工作进一步发展。这一时期由于战争的影响，以军需工程为主的企业逐渐从城市地区转移到农村，促进了农村工业结构的调整，为后期提振农村经济打下了基础。同时，工业在国民经济中的占比进一步提升，农业占比则持续下降。1940 年，日本农业对 GDP 的贡献率降至 16%，工业对 GDP 的贡献率达到 52%。城镇化率在 1940 年上升至 37.7%后，在 40 年代中期又降至 27.8%。整个社会对农村地区开展环境管理的需求不高，能力也不足。

农村环境管理全面展开的 20 世纪 70 年代末，日本农业对 GDP 的贡献率已经不足 5%，到 2010 年时更是降至 1.3%。1970 年，日本城镇化率已达 72.1%，基本完成城市化；2015 年城镇化率高达 91.4%，接近饱和，绝大多数人口居住在城市地区。而此时，日本农业生产已经实现现代化，农村家庭收入和城市家庭收入基本持平，实现了城乡一体化发展。城市和农村对开展环境管理工作既有需求，又有承担相应治理责任的能力。

2. 我国不同阶段农村及农业发展状况

在社会经济方面，1999—2007 年，我国农业在国民经济中的占比从 16.5%下降到 11.1%。2016 年，农业在国民经济中的占比下降到 8.6%。在城镇化发展方面，到 2007 年，我国城镇化率达到 45%，2017 年进一步上升到 58.52%。从农业在国民经济中的比重和城市化水平看，我国目前农村环境管理所处的阶段大概相当于日本 20 世纪 60—70 年代的状况。

我国农业和农村在社会经济结构中所处的位置举足轻重。目前，无论城市还是农村，对改善农村环境质量、提升农业绿色化水平都有迫切的需求，但农业高质量发展水平还不足，农民在承担相应责任方面的能力还十分有限。

（三）农村环境管理机构及机制对比

1. 日本农村环境管理机构及管理机制

日本行政机构由中央政府的行政机关（内阁）和地方政府组成。地方政府称为地方自治体或地方公共团体，由 47 个都道府县和 1 718 个市町村组成。市町村都是日本的地方基层政府，三者之间没有隶属关系，仅是人口规模不同。

1971 年以前，日本中央一级的环境管理没有独立部门负责，公害防治职能分散在厚生省、通商产业省、经济企划厅等多个部门，在采取综合治理措施时经常面临部门相互掣肘的问题。1971 年，日本环境厅正式成立，将上述环境管理的职能整合到一个部门，重点强化了统一协调、综合决策的职能。此时，日本农业生产已经实现现代化，农村家庭收入和城市家庭收入基本持平，部分地区农村家庭收入甚至超过城市家庭收入，实现了城乡一体化发展，具备了城乡环境管理一体化的基础。因此，环境厅在成立时将城市和农村环境作为有机整体统一管理。2001 年，为提高管理能力和效率，日本中央省厅由 22 个精简为 13 个，在中央机构和公务员数量大幅精简的背景下，唯有环境厅升格为环境省。此次机构改革强化了环境与经济一体化管理，赋予了环境省在制定国土规划中有关环境保护事务的权利。在具体政策执行方面，经济、农林水产、国土交通等几乎所有政府内阁部门都负责相关领域的环境保护事务，形成了统一决策与监督下的多部门合作的环境管理体制。2005 年，环境省设立了地方环境事务所，作为连接环境省和地方的重要机构。

日本的行政管理体制在纵向上是一种地方主导与自主型的结构。在地方层面，地方政府享有较高程度的自治权，地方环境管理部门只对地方政府负责，环境省与地方的环境管理业务往来直接面向地方政府，一般不直接对接地方环境主管部门。都道府县的环境主管部门的主要职责是对关键区域、重要污染区域实施定期、定点和非定点环境质量监测，制定地方环境工作目标和对策等。都道府县政府还根据需要设置相应的行政派出机构，这些机构主要负责生活环境的保护与改善工作。市町村一级根据市町村规模大小以及工作需要设置环境保护机构。

2. 我国农村环境管理机构及职能

2008 年，国家环境保护总局升格为环境保护部，成为国务院组成部门，环境保护机构的职能和能力普遍得到加强。但这一阶段农村环境保护工作职责仍呈分散状态，多个国务院组成部门承担了农村环境保护相关职责。环境保护部、农业部、住建部、水利部、全国爱国卫生运动委员会等都在自己的职权范围内负责农村环境管理工作。环境保护部对全国的环境保护工作实施统一管理，水环境管理司设农村环境管理处，负责开展以农村生活污水、垃圾、畜禽养殖污染防治、农村饮用水水源地保护等为主要内容的农村环境综合整治，指导生态农业建设，组织国家有机食品基地创建等工作，大气司、环评司、监察局、监测司、土壤司、生态司、宣教司等多个司局也承担农村环境管理相应工作。

2018 年新组建的生态环境部整合了分散在 7 个部门的生态环境保护职责，统一行使生态和城乡各类污染排放监管与行政执法职责。打通了地上和地下、岸上和水里、陆地和海洋、城市和农村、大气污染防治和气候变化应对等多项职能。其中，城市和农村的“打通”，为进一步加强农村生态环境保护创造了更好的条件。2018 年 8 月开展实施的《生态环境部职能配置、内设机构和人员编制规定》将农村环境管理职能归入土壤司，开启了农村生态环境管理体制的新阶段。

二、两国相关发展状况的异同对我国农村环境管理顶层设计的启示

比较两国农村环境管理工作发展历程可以发现，日本没有独立的农村环境管理概念，自 20 世纪 70 年代开展环境保护工作以来，农村和城市即作为一个整体统筹开展工作。同时，农村在日本无法律上的明确定义，可以认为是在城市（城镇化地区）以外的农业人口较集中的地区，以及农业振兴地区及其周边地区。

在我国，农村与农业在社会及国民经济中的作用不容忽视。在人口数量上，2017 年，农村总人口为 5.77 亿，占全国总人口（13 亿）将近一半。在国土面积上，农村地区占有绝对优势。农村与城市在发展水平上，差距巨大：在基础设施方面，2016 年年末，只有 73.9%的农村生活垃圾得到集中处理或部分集中处理，17.4%的农村生活污水得到集中处理或部分集中处理。而同期全国城市污水处理率达 93.44%，生活垃圾处理率达 98.45%，远高于农村地区；在收入方面，2017 年，城镇人均收入达到 36 396 元，农村人均收入仅为 13 432 元，城镇人均收入是农村人均收入的 2.7 倍。

农业和农村在我国社会经济中的独特地位决定了我国的农村环境管理工作难以直接照搬照抄日本等发达国家经验，必须走一条适应我国国情的特色道路。但同时，梳理日本农村环境管理历程可以为我国农村环境管理工作的定位提供借鉴。

第一，两国都经历了农业在国民经济中占比持续下降、城镇化率持续上升的过程，可以对比得出我国农村环境管理当前所处的大致阶段。从城镇化率来看，2017 年我国城镇化率达到 58.52%，相当于日本 20 世纪 50—60 年代的水平；从农业在国民经济中的占比来看，我国 2016 年达到 8.6%，相当于日本 20 世纪 70 年代末的水平。对比日本同时期环保工作开展情况，可以发现我国当前面临的农业面源污染严重和农民承担环保责任能力弱等问题，主要是受社会经济水平的大背景制约，具有一定的必然性和合理性。这就提醒我们的农村环境管理工作要科学制定目标，不能盲目超前，贪多求大。

第二，日本农村发展也经历了我国目前正在经历的“空心化”阶段，而日本巧妙地利用这一契机实现了农业和农村现代化，为我国解决当前“空心化”对农村环境管理的影响问题提供了思路。20 世纪 50—70 年代中期，日本农村人口大幅减少，农村土地撂荒严重。为解决农村劳动力大量外流对农村社会的冲击，缩小城乡差距，日本政府先后制定了一系列开发计划与法律，鼓励工业向农村地区转移。1969—1972 年，日本政府颁布了《新全国综合开发计划》《农村地区引进工业促进法》《工业重新配置促进法》等法律和规划，并成立了促进农村地区引进工业中心，专门负责工业引进方面的信息、规划协调、调查研究和宣传联络等工作，推动农村地区顺利引进工业企业。在政府强有力的政策和法律引导下，农村地区迅速兴起了大批的中小企业和小城市，推动了农村地区的城镇化发展。同时，日本于 20 世纪 70 年代开始放宽土地流转条件，允许农村土地适度流转，扩大土地经营规模。一定的经营规模为农业机械化提供了条件。1960—1973 年，日本农村地区动力耕耘机和农用拖拉机从 51 万台激增至 121 万台，农用卡车从 10 万台增至 113 万台，动力喷雾器从 23 万台增至 121 万台。农业机械化使农村的劳动力出现剩余，劳动力开始大量向非农产业转移，即“兼业”的盛行。1960—1973 年，日本的农业就业人口从 1 196 万人锐减到 618 万人，兼业农户从 389 万户增至 443 万户，近 90%的农户成为兼业农户，农民收入水平大幅提高。到 1972 年，甚至出现了农村人均消费水平超过城市的局面。同期，政府主导农村地区推行以改善农业基本生产条件和保护农村生态环境的土地整治。随着土地整治的深入，日本农民开始集中居住，自然村落逐渐凋敝。1975 年与 1950 年相比，町村数量由 1.04 万个减至 3 257 个，减少了 70%。农村地区经济的繁荣和农民集中居住为开展农村环境管理工作提供了良好基础。我国农村目前正在经历空心化过程，给农村环境管理工作带来巨大挑战，同时，这也是实现农业现代化、从源头减少农业污染和实现农村现代化、提升农民承担环境管理能力的良好机遇，日本经验提示我们需要利用好这一时机。

第三，日本的农村环境管理经历了从人居环境整治到种植业污染防治再到禽畜养殖污染防治的不同发展阶段，循序渐进，逐步展开，可以为我国确定农村环境管理工作重点提供借鉴。日本农村生活污染防治工作在20世纪70年代中期之后逐渐发展和完善，种植业污染防治主要在90年代之后得到发展和完善，畜禽养殖污染防治从2000年左右开始发展和完善，农村环境管理工作从只关注生活污染逐步过渡到兼顾生活和农业污染。农村环境管理工作量大面广，我国农村地区情况复杂，既不宜直接照抄日本的发展历程，忽视已出现的问题，也不宜“眉毛胡子一把抓”、不分主次。各地在确定工作重点时，可以将人居环境改善作为农村环保工作的首要领域。人居环境问题是广大农民最关心、最直接、最现实的突出环境问题，解决这一问题，有助于直接提升农民群众的获得感和幸福感。在经济发达地区，可以加强农业污染防治。

第四，日本环境省在行政管理层面直接面向地方政府，一般不直接对接地方环境主管部门，为我国确立农村环境管理工作机制提供了参考。我国与日本的环境管理体制不尽相同，但都面临中央与地方的职责分工和工作协调问题。在中央与地方事权划分方面，日本环境省主要负责全国层面的相关法律法规、政策、标准等的制定和指导；地方政府主动作为，严格地执行相关法规、政策，积极采取措施推动农村环境保护。日本环境省直接面向地方政府的这一做法与我国目前由督企转向督政和督企并重的工业环境污染监管思路相一致。农村生态环境管理相较工业污染管理更加复杂，需要协调更多利益相关部门。因此，我国在确立农村环境管理工作机制时，首先应明确和强化地方政府的责任，这样才能真正调动相关部门的积极性，保障农村环境污染防治落到实处。

三、日本农村环境管理具体实践对我国的启示

日本开展农村环境保护工作的一些具体做法也对我国具有较好的借鉴意义。

第一，以完善的法规政策体系保障农村环境管理。日本在农村环境保护相关法律政策制定过程中，既注重每一部法律的特点和针对性，也注重法律之间的配套性、系统性和可操作性，为农村环境保护提供了系统的法律支撑。在控制农业污染方面，日本于1999年制定了《粮食·农业·农村基本法》，与之相配套制定了《关于促进高持续农业生产方式的法律》，2000年和2001年又分别配套制定了《食品废弃物循环利用法》《堆肥品质法》，从农业污染防治总法到单项法，从农业生产投入到食品加工、肥料质量控制等各个环节法律法规相互配套、形成体系。在控制农村生活污水污染方面，制定了《建筑基准法》《净化槽法》《清扫法》《废弃物处理法》，针对净化槽的设计、建设、安装、运行维护、停运等各个环节均提出明确要求，形成完善的管理体系。

第二，以精准的财政补贴支撑农村环境管理。日本政府制定了精准科学的财政补贴

机制，保障农村环境保护有稳定的资金来源。为推动净化槽的普及，从 1987 年起，日本相继制定了《净化槽设置整备事业》和《市町村净化槽整备推进事业》制度，推行净化槽补助金制度，明确由国家和地方政府对净化槽的安装和更换给予一定的补贴，经过补贴后净化槽使用者负担的平均费用基本上不超过公共排水系统使用者每月缴纳的排污费。解决了农村污水治理的“最后一公里”问题，对改善日本农村人居环境发挥了巨大作用。在种植业面源污染防治方面，日本部分地区采取环境直接补贴精准支持绿色农业。对“环境友好农产品”每 1.5 亩的补贴标准为：水稻面积在 3 hm^2 以下补贴 5 000 日元，超过 3 hm^2 的部分补贴 2 500 日元；设施蔬菜（主要指温室栽培的蔬菜）补贴 3 万日元，露天蔬菜补贴 5 000 日元。至 2014 年年底，日本从事环保型农业生产经营的农户达到了 48.9%，有效促进了绿色农业的发展，从源头缩小了农田面源污染治理的范围。

第三，以科学的规划和技术标准体系服务农村环境管理。日本针对相关法律法规配套制定了具体规划和完善的技术标准，指导环境管理工作有序推进、有效实施。为了指导农村污水治理工作的开展，1995 年日本农林水产省、国土交通厅、环境省达成一致，要求制定包含污水治理在内的都道府县构想，推动地方政府有计划地开展污水治理设施（包括下水道、村落排水设施和净化槽）建设，不断增加已建成设施的长期且高效的运营管理。这一做法避免了污水治理项目的重复建设和少建、漏建问题，确保了污染治理工作有序推进。在农村生活污水排放标准方面，结合不同地区实际情况，分类制定了农村地区的污水排放标准，既提高了污水治理工作的效率，也确保了水环境质量达标：对于排放量低于 50 m^3/d 的污水治理设施，仅检测生化需氧量（BOD）和固体悬浮物（SS）两项指标；但对有大量排水流入的封闭性水域，则增加了对 COD、氮和磷的排放限制。对广泛用于分散式生活污水治理的净化槽设施，日本政府专门制定了“设施标准”，以此确保生活污水经净化槽治理后能够达标排放。其中，《净化槽构造标准及解说》对净化槽的构造标准进行详细说明，同时还对负荷计算、设备选择、施工安装、维护管理等内容都作出了具体规定；《净化槽法》明确规定了净化槽的制造、安装、运行维护等方面的要求。为了严格执行《净化槽法》，日本环境省颁布了一系列实施规则，明确了净化槽维护检查技术标准、清扫技术标准、使用准则、净化槽施工技术标准等。这些标准不仅对“做到什么程度”提出了具体要求，更是教会农民“如何去做”，对各地推广使用净化槽起到了很好的指导作用。

第四，以规范的行业和市场服务体系推动农村环境管理。日本环境管理工作主要采取地方政府主导与行业协会参与相结合的方式。地方政府对本辖区的环境质量负全责，按专业形成的日本环境安全事业株式会社、日本环境保全协会等行业协会，承担着本行业废弃物处理业务的资质审查、招投标工作等管理职能。这些行业协会既为第三方治理机构提供全面、专业、权威的信息数据，又对政府、排污单位、治污企业等进行客观、有效的监督，为环境污染治理的有序运转提供了重要保障。政府通过购买第三方服务的方式，为国民提供更加灵活高效的环境管理和服务。例如在污水治理方面，行政机关及其指定的第三方机构，对污水治理设施的申请、设立、变更、废除具有审批权限，并通过指定的第三方机构对建设与运行的质量进行监管，用户则必须支付排污费和第三方服务费。第三方机构包括设备制造公司、建筑安装公司、运行维护公司和污泥清扫公司等，均需要资质，并且从业人员都必须通过培训和考试获得相应的专业证书，从而保证了服务质量。此外还有专业性的行业协会和培训机构等开展分散污水治理技术的研究、推广、宣传教育等，确保每年培养足够的具有国家资格的技术人员和管理人员。行业协会和市场主体参与农村环保工作，是对政府开展农村环境监管的有效补充，可以有效缓解政府人力、财力不足的问题，通过市场竞争，还可以既提高服务效率，又提高服务质量。多种主体与政府形成良性循环，有效促进农村环保水平的提升。

第五，以亲民务实的环境宣传教育助力农村环境管理。由于化肥农药施用等带来的面源污染难以采用末端治理的方法进行控制，提升农民的环保意识是从根本上解决农业面源污染的有效手段，环境宣传教育在控制农业面源污染方面具有重要意义。日本通过多层次、多渠道、长周期、面向全体国民的环境保护宣传教育，将环境保护意识深植于全体国民内心，让广大农民自觉在农业生产和农村生活中遵循各项环保要求，履行各项环保义务。日本在农村创建一批以“田园学校”为代表的环保教育基地，培育新型职业农民。在幼儿园启蒙教育、中小学初级教育和高等教育阶段都加强环保宣传教育，为农村生态环境污染的治理提供人才储备。市町村通过村民自治颁布村民宪章，约束农户和农业生产者的生产和生活行为。农村 NGO（非政府组织）和农业协会注重环保意识的固化与传承，自发组织清理河道等环保活动，与政府合作定期举办农村环保“巡回座谈会”，传播环境治理经验。

以资源化利用为核心推进农村环保可持续运营管理

——日本经验对中国农村环保启示的初步分析

（陈颖 吴娜伟 杨淇微 马涛）

【摘要】日本将农村环保融合在农村社会经济发展的进程中，加强农村废弃物资源化利用实现对污染的有效控制，其科学实用的管理经验可以为我国所借鉴。在生活垃圾治理方面，日本建立了分工明确、有序实施的垃圾分类处理制度，将垃圾分类延伸到农村，涌现出大崎町村等典型地区，取得了良好的实施效果。在畜禽养殖污染防治方面，奖罚并重，通过法规将大多数养殖户纳入监管范畴，同时给予设备和资金支持，使所有养殖户基本实现废弃物资源化利用。在生活污水治理方面，通过规范净化槽设备生产、运营和管理等重点环节，推动产业化、标准化发展，保证了农村污水治理的质量和效率。

我国近年来不断加大农村环保投入力度，取得了积极进展，但也出现了建好的设施不能正常运行、环境治理过度依靠政府，以及管理方式较为粗放等问题。借鉴日本经验，我国农村环保工作应从农村生产和生活实际出发，加强规划统筹，以农村废弃物资源化利用为核心推进农村环境治理，降低末端治理成本；制定村民参与农村环保工作的指导性文件，明确参与的途径和方式方法，协助政府加强监管；制定《畜禽规模养殖污染防治条例》的实施细则，以规模养殖场和养殖密集区范围内的分散养殖为重点，逐步将大多数养殖场纳入监管对象，提高管理工作的精细化水平；健全农村环保基本保障机制，探索农村小型污染治理设施的打包租赁等共享经济服务模式，依靠基础保障和机制创新，来推动农村环保工作专业化发展。

为加大对农村环保工作的技术支撑力度，借鉴国际经验，研究完善我国农村环保管理机制，中日友好环境保护中心在 2017 年 6 月 14 日组织的“中日环保高级别圆桌对话会”活动中，举办了“可持续的农村环保”分论坛，邀请日本环境省、国际协力机构和畜产协会等机构的专家介绍了日本农村生活污水、垃圾、畜禽污染防治等方面的经验做法。这些经验做法，对完善我国农村环保工作具有一定借鉴意义。

一、日本农村环保工作可借鉴的经验

20 世纪 50—70 年代，日本经历了从农业社会向高度城镇化和工业化发展的过程，在这一过程中也成功地解决了农村环保问题，有关做法值得借鉴。

（一）垃圾分类处理制度从城市延伸到农村，涌现出一批典型地区

日本自上而下建立了有力的垃圾分类推行制度，使垃圾分类从城市延伸至农村。在职能设置上，国家环保部门负责制定基本方针、设定处理标准、开发技术、收集信息等；都道府县负责制订废弃物处理计划、废弃物处理设施和废弃物处理产业审批等；市町村全权负责制订一般废弃物的处理计划、安排预算和具体实施；市民则负责合理处理和减少排放量。城市生活垃圾经回收后，有部分垃圾进行焚烧，而农村生活垃圾则主要以再利用为主。

在日本的农村垃圾分类减量活动中，涌现出了一些模范地区，较为突出的是鹿儿岛县的大崎町，该地区连续 9 年垃圾回收利用率排名日本第一，人均垃圾处理事业费仅为日本全国平均费用的一半以下。在垃圾分类减量项目开始之初，工作人员在 3 个月内给 140 个村落的居民们共开了 450 次说明会，使垃圾分类项目顺利启动。在当地开展的垃圾分类减量活动中，废弃的食用油可加工为汽油，厨余垃圾和草木灰混合后被制成发芽率高达 98%的有机肥。日本农村地区的成功经验表明，由于垃圾分类的具体实施者是村民，基层单位制定方案要充分吸纳村民意愿，发动村民制定可行的方案是成功推行垃圾分类处理与资源化利用的关键。

（二）畜禽养殖污染防治奖罚并重，养殖户基本实现废弃物资源化利用

20 世纪 70 年代中期开始，由于石油危机，日本畜禽养殖污染防治工作从防治公害向资源循环利用方向转变，开始研发甲烷发酵、堆肥技术等资源节约和节能技术。90 年代末至今，日本农林水产省制定了《家畜排泄物法》，并在 2007 年和 2015 年进行了《家畜排泄物法》新基本方针修订，明确了法律管理对象，确定了种养平衡的堆肥要求，对养殖废弃物处理设施建设进行资金及技术支持等。通过实施与《家畜排泄物法》相关联的各项政策，日本的畜禽养殖户基本上建成了粪尿处理设施，绝大多数养殖户将粪液分离后堆肥和制造有机肥，仅有 5%的养殖户采取废水处理措施。

日本采取“胡萝卜加大棒”的管理措施，一方面通过制定强制性法规，要求所有养殖业主对养殖废弃物采取污染防治措施；另一方面给予资金和设施支持，确保帮扶到位。主要做法有：一是监管范围最大限度地覆盖管理对象。如根据《家畜排泄物法》，拥有牛

或马 10 头以上、猪 100 头以上、鸡 2 000 只以上等的养殖户都被纳入管理范围。截至 2006 年年底，该法规的监管范围已经覆盖了 99.9%的养殖农户。《水质污浊防止法》对排水量 50 m^3/d 以上的大型畜牧养殖户和小型畜牧养殖户分别作出相应的排放标准规定。二是通过奖惩结合，引导养殖户采取污染防治措施。如《家畜排泄物法》禁止畜禽粪便坑贮、露天堆放等，违者罚款不高于 50 万日元。但是，农林水产省也对畜禽污染防治处理设施建设予以资金和技术支持，农户可向畜产环境管理机构申请设施租赁和补贴。三是循序渐进制定畜禽养殖废水处理排放标准。农林水产省每年会对小型养殖户进行调研，以确定能够达到的废水排放标准，并且每三年提升一次标准限值，逐步达到环境省的要求。

（三）规范污水治理设施生产和运行管理各环节，提高专业化治污水平

20 世纪 60 年代，日本出现严重的农村生活污水治理问题，到 70 年代末，随着工业废水治理基本完成，农村生活污水成为水环境的主要污染来源。从 70 年代开始，日本大力推动净化槽技术，建立了包括公共下水道、农业村落排水设施和户用净化槽三种模式的农村生活污水处理系统。日本的《净化槽法》在推进农村生活污水治理过程中发挥了很大的作用，对净化槽的生产、安装、维护、检查及清扫等各环节进行规范，明确了相关方的责任和业务范围，建立了从业人员的职业资格审查制度。按照规定，净化槽的使用者必须定期对净化槽进行检查和污泥清理等工作，确保其正常运行，每年要接受检查机构的法定检查；没有进行有效管理维护的，会受到惩罚。

在明确的责任分担机制和有效的监督机制共同作用下，日本的净化槽污水处理服务市场发展迅速，催生了一批专业的净化槽维护企业、清扫企业和检查机构。日本普遍强制采用第三方服务方式促进农村污水治理的市场化，行政机关仅负责污水治理设施的审批和定期监督检查。在大多数情况下，从设施生产到建设、运营、维护都是由各类第三方行业机构负责。农户必须通过支付排污费或者向第三方服务公司购买服务的方式为其排污行为负责。这种专业化和标准化的服务体系在很大程度上保证了农村污水治理的质量和效率。

二、日本经验对我国的启示

近年来我国农村环保工作力度不断加大，各地建设了一批农村环保基础设施，但是也出现了建好的设施没有正常运行、监管执法面临困难等问题。借鉴日本经验，我国农村环境治理要加强源头减量和资源再生利用，充分结合农村实际情况，推行生活污水、垃圾和养殖等废弃物的资源化利用，降低污染治理设施建设和运行成本，推动农村环保可持续管理。

（一）加强统筹规划，以废弃物资源化利用为核心推进农村环境治理

目前，我国农村生活垃圾普遍未进行垃圾分类利用，畜禽养殖废弃物利用率为60%，农村废弃物资源化利用程度不高，收集处理设施建设和运行成本高昂。以生活垃圾为例，在河北，一个农村常住人口50万人、面积1 000 km^2左右的区县，全年农村生活垃圾集中处理的运转经费可达5 000万元。随着处理量的持续增加，有的地区集中处理设施严重不足，有的地区由于无法保障垃圾处理费用，已建成的垃圾填埋场和焚烧厂不能正常运转。与之相对比，推行农村生活垃圾分类利用可大大降低处理成本。日本的大崎町村通过实施垃圾分类，人均垃圾处理事业费仅为日本全国平均费用的一半以下。

因此我国农村环境治理应调整有关策略，以资源化利用为核心，做好农村环境治理与资源利用规划，统筹推进垃圾污水和畜禽养殖等农村废弃物资源化利用。明确资源化利用的模式，除生活垃圾和畜禽粪便等农业废弃物以外，农村生活污水也要将粪便与生活杂排水分类处理，对粪便进行制肥，减少末端处理污水量。按地区调查核算可利用的废弃物资源量，明确资源利用方向和消纳产业。根据废弃物资源化利用方向分类制定推进措施，对于能够转化为标准化产品的加大优惠政策支持力度，对于不能市场化推广的引导村民就地利用。将推进资源化利用作为农村环境治理的主要措施，通过责任考核，逐级强化落实，显著提高农村废弃物资源化利用水平。

（二）细化村民参与环保的指导性文件，明确参与的途径和方式

目前我国农村环保的运营管理主要依靠政府，村民对环保问题关乎切身利益认识不够，参与农村环境综合整治的热情不高，甚至出现破坏已建设施的现象。村民既是污染的产生者也是受益方，村民充分参与是农村环保可持续运营管理的关键。只有让村民参与规则的制定，才能真正让其放心，并愿意遵守规则。

因此，有必要制定引导村民参与农村环保的指导性文件，充分发挥村委会等自治组织的作用，吸引村民参与村庄环境治理规划和项目实施。调研村民的生活垃圾分类意愿，让村民选择可接受的分类和处理方式，制定可操作的方法指南，使村民掌握农村生活垃圾分类的方法。在经济发达地区和水环境污染严重的地区，推行农村生活垃圾、污水处理收费机制，强化村民的环保责任意识。通过招标选聘等方式，由农户代表选择和委托专业的第三方治理机构，使农户转变为业主，协助政府对设施运营维护情况进行监管，降低农村环保监管的成本，使治理效果更有保障。

（三）合理确定畜禽养殖污染防治重点监管范围，提高管理的精细化水平

现阶段，我国基层农村环保管理水平普遍不高，监管执法能力欠缺，指导帮扶不到

位。农村环保执法难、污染防治工作推动难的问题，在畜禽养殖禁养区划定工作中反映尤为突出。一些地方在禁养区划定和推动畜禽养殖污染防治设施建设过程中，存在过多干预或监管不足的问题。要么搞“一刀切”，全面禁止畜禽养殖，没有充分考虑到产业发展的需要；要么束手无策，面对小型养殖业主，缺乏有针对性的帮扶和监管对策。借鉴日本经验，我国畜禽养殖环境监管不仅要落实规模化养殖场（小区）的责任，也要强化对分散养殖户的有效管理，针对不同规模的养殖户，采取分类管控措施，提高管理的精细化水平。

为此，国家应制定《畜禽规模养殖污染防治条例》实施细则，细化畜禽养殖污染防治监管要求，指导地方政府根据环境污染负荷确定重点监管的养殖户规模，明确重点监管的养殖密集区范围，以规模化养殖场和养殖密集区范围内的分散养殖户为重点，逐步将大多数养殖场纳入监管对象。实施规模化养殖场污染源监测和养殖密集区环境质量监测，严格落实污染防治主体责任。在农村环境综合整治项目中，加大对养殖密集区污染防治设施的资金补助，加强技术帮扶，提高畜禽废弃物资源化利用率。

（四）依靠基本保障和机制创新，推动农村环保治理专业化发展

目前我国企业在农村环保治理中发挥的作用还十分有限，社会化和专业化程度不高。主要原因是农村环境治理项目规模小、投入高，收益不明显。要吸引企业参与农村环境治理，需要建立明确可行的保障机制。在日本的经验中，中央政府对农村生活污水治理、畜禽养殖污染防治等没有大包大揽、直接负责日常管理，但是管理制度比较健全，各方责任、治理要求、监管措施和资金支持都比较明确，这就为有实力的企业进入农村环保市场提供了基本保障。在经营模式上，日本为小型畜禽养殖经营者提供污染防治设施租赁服务，也值得我们借鉴。我国重庆地区的一些企业也在探索租赁服务模式，为村镇提供生活污水治理设施租赁服务。这种打包租赁服务模式，具有按需配备、管理灵活的特点，有利于降低投资成本，提高专业化运营水平。

相比较，我国应完善农村环保法规政策，对政府、村民和治污企业三方责任进行明确的界定，明确绩效考核机制，对产品和服务质量合格的企业予以产品补贴或税费优惠政策，建立鼓励第三方治理的环境治理收益保障机制。在经营模式和管理机制上进一步创新，吸引企业投入农村环境治理。对分散式污染治理，探索设备租赁等共享经济模式，鼓励有实力的企业集中购买小型农村污染治理设施，租赁给有需求的村庄和农户。在有条件的县区，探索农村环境治理与资源利用整合管理，将农村废弃物资源化利用、生活垃圾再生利用与污水治理等工程项目打捆运营，将资源利用产品收益反哺于治理设施的投入，使农村环保的公共和资源属性都能得到充分发挥。

乡村振兴战略下的农村生态环境管理对策建议

（董旭辉　贾小梅　王亚男　陈颖　于奇）

【摘要】我国农村生态环境管理在经历了起步阶段（1999—2008 年）和局部集中治理阶段（2008—2017 年）后，以党的十九大提出的实施乡村振兴战略和污染防治攻坚战为标志进入全面治理的新时期。我国农村生态环境管理工作的总体特点是起步晚、基础差、保障不足、形势严峻复杂。一方面，农村生态环境问题突出。截至 2016 年年底，全国尚有近 80%的村庄生活污水没有治理，近 50%的村庄没有实施改厕，26.1%的村庄生活垃圾没有治理。农业面源污染物排放基本占到了全国废水污染物总排放量的“半壁江山”。另一方面，我国农村生态环境管理工作面临农村地区社会经济发展相对落后、情况复杂多样和环保基础工作薄弱等多重挑战，具体表现为：城乡二元结构造成农村地区环保基础设施严重不足、农业粗放式发展带来面源污染积重难返、农村社会结构变化增加环境管理难度、农村生态环境管理责任仍未充分落实、适应农村社会经济特点的环境监管机制亟待建立、便捷有效的农业农村污染治理模式严重欠缺、农村环境保护技术帮扶和宣传教育任重道远。

针对农村生态环境管理存在的突出问题和生态环境部统一监管农村生态环境保护新职能的情况，环境发展中心组织开展了专题研究，在充分借鉴日本相关经验的基础上，提出乡村振兴战略下的农村生态环境管理对策：在战略定位上，要明确农村生态环境管理是乡村振兴战略的重要组成和抓手，是生态环境保护新的关键领域，是生态文明建设的显著标志；在工作原则上，要坚持环境管理与乡村振兴同步谋划、同步实施、同步推进，坚持山水林田湖草系统治理、统筹规划，坚持预防为主、综合利用，坚持因地制宜、循序渐进、协同发力；在构建农村生态环境管理工作的对策体系上，要夯实各级政府和部门的农村环保责任，建立全面协调的农村生态环境管理政策体系，构建适应农村特点的环境监管体系，探索便捷有效的农村环境治理模式，完善农村环境教育和帮扶体系。

改革开放以来，我国生态环境保护进程总体上滞后于经济发展进程，生态环境质量成为全面建成小康社会的突出短板，同时，农村环境保护又滞后于整个生态环境保护工作进程，成为短板中的短板。党的十八大以来，生态文明建设和生态环境保护从实践到认识发生了历史性、转折性、全局性变化，以党的十九大提出的实施乡村振兴战略为标志，农村生态环境保护进入了一个历史性的新阶段。因此，探索乡村振兴战略下的农村生态环境管理对策思路是一项重大而紧迫的任务，也是生态环境部在农村环境保护工作中履行好统一政策制定、统一监测评估、统一监督执法、统一监察问责的新职责的当务之急。

一、农村生态环境管理现状

以 1999 年国家环境保护总局印发《关于加强农村生态环境保护工作的若干意见》为标志，农村生态环境保护正式进入环境管理的主战场；以 2008 年启动实施的农村环境综合整治工作为标志，农村生态环境保护进入局部集中治理阶段；以党的十九大提出乡村振兴战略为标志，农村生态环境保护开启了全面推进的新阶段。我国农村生态环境管理工作的总体状况是起步晚、基础差、保障不足，距离乡村振兴战略提出的“生态宜居”“构建人与自然和谐共生发展新格局”目标中对农村生态环境保护的要求差距很大。主要体现在三个方面：

（一）农业农村污染治理整体仍处起步阶段

在农村人居环境治理方面，主要开展了农村环境综合整治工作。2008—2017 年，中央财政累计安排农村环保专项资金 435 亿元。截至 2017 年年底，全国有 13.8 万个村庄完成环境综合整治，占全国村庄总数的 24%；近 2 亿农村人口直接受益，占全国农村人口总数的 33%。各地建成生活污水治理设施 30 多万套，生活垃圾收集、转运、处理设施 900 多万个（辆）。截至 2016 年年底，全国尚有近 80%的村庄生活污水没有治理，近 50%的村庄没有实施改厕。以简单收集为标准，仍有 26.1%的村庄生活垃圾没有治理。已经完成整治的村庄的环保设施长效运行维护仍然困难重重。

在农业面源污染治理方面，主要开展了畜禽养殖禁养区划定、农药化肥使用量零增长行动和测土配方施肥等工作。环境统计年报显示：农业面源化学需氧量、氨氮排放量呈逐年下降趋势，分别由 2011 年的 1 186.1 万 t、82.7 万 t 下降至 2015 年的 1 068.6 万 t、72.6 万 t，下降 10%左右；农业源总氮、总磷的排放基本保持稳定。农业面源污染物排放总量基数大，基本占到了全国废水污染物总排放量的“半壁江山”，目前的治理率远远不能满足农业面源的治理需求，农业面源污染治理仍然任重道远。

（二）农村生态环境管理机构及队伍建设薄弱

在中央本级，生态环境部水环境管理司专门设置农村处负责组织协调全国农村生态环境管理工作。在省一级，截至2016年年底，全国31个省（区、市）环境保护厅（局）均有相关职能处室履行农村环境保护的工作职责。在基层，截至2014年，全国乡镇环保机构数量仅有2 968个，约占全国乡镇总数的10%，比2010年的1 892个增加了60%；乡镇环保机构人员11 900多人，比2010年的7 100多人增加了68%。

虽然农村生态环境管理机构和队伍建设在不断加强之中，但相对农村环境保护的工作量和工作难度，现有的机构和队伍配置远远不能满足农村环境保护工作的需求，农村生态环境管理机构及人才建设面临严峻的挑战。

（三）农村生态环境管理制度不健全

在农村生态环境管理的法律法规方面，截至目前，《中华人民共和国环境保护法》、《畜禽规模养殖污染防治条例》、《水产资源繁殖保护条例》以及《中华人民共和国环境保护税法》等多部法律法规对农业农村环境保护作出规定，但这些法律规定有两个突出缺陷：一是缺少系统设计，尚无一部专门的农村环境保护法律统筹规范农村环保工作的责任分工和协调实施。二是关于农村环境保护的法律责任界定不清晰，甚至相关法律的规定不完全一致，执行力差。与工业污染防治一样，农业农村污染防治也面临着厘清污染者和监管者责任的问题，但更为复杂的是，农民在污染治理方面的能力明显弱于工业生产者，现行法规弱化了农业生产经营者的污染直接责任和治理的法律责任，加大了污染监管的难度。

在农村环境保护政策和规划方面，《国务院关于加强环境保护重点工作的意见》等综合性引导政策统筹部署了农村地区生态文明建设、农业污染治理、农村人居环境改善等多方面农村环保工作，《水污染防治行动计划》等专项指导政策细化了农业农村环境保护工作要求、内容和时限，《农业环境突出问题治理总体规划（2014—2018年）》等进一步深入推动落实各项农村环境保护工作。然而，这些政策规划表现出“两多两不足”：一是国家层面的政策规划多，而基层政府出台的相关实施办法和方案不足，极大影响了国家政策和规划的落地和实施效果。二是政策性规划理念性规定多，实践指导不足。国家出台的政策多以目标要求和指导原则为主，只提出了“做什么”和“做到什么程度”，没有给出“如何做”的方法，缺少对各地具体开展工作的指导，不能满足基层操作需要，被一些地方指责为“不接地气”。

在农村环境标准方面，目前存在几个突出问题：一是农村环境标准少。截至2017年年底，国家环境保护现行标准1 833项，其中涉及农村环境保护的标准仅20余项，占比不足现行标准的1.6%；在原环境保护部备案的186项地方环境保护标准中，与农村生活污水、垃圾、畜禽养殖相关的标准仅6项，占备案标准的3.2%。二是标准制定存在大量空白区。在水环境标准方面，缺乏农村生活污水排放等标准；在大气污染防治方面，没有农药喷洒对大气的影响等标准；在固体废物管理方面，目前农村生活垃圾处理处置参考的是城市生活垃圾控制标准，缺乏适用于农村地区的生活垃圾处理处置标准。三是部分标准标龄过长。现行《渔业水质标准》等标龄超过 20 年，已经不能适应当前的农业生产需要和农村生态环境管理要求。四是标准适用范围存在“一刀切”现象。

二、农村生态环境管理面临的主要挑战

我国农村环境管理工作面临农村地区社会经济发展滞后、情况复杂多样以及农村地区环保基础工作薄弱的双重挑战。

（一）城乡二元结构造成农村地区环保基础设施严重不足

城乡二元结构给我国开展农村生态环境管理工作带来独特的挑战。一是农村环保基础设施严重滞后于城市。根据《第三次全国农业普查主要数据公报（第三号）》，2016 年年末，只有 73.9%的村生活垃圾集中处理或部分集中处理，17.4%的村生活污水集中处理或部分集中处理，53.5%的村完成或部分完成改厕。根据住建部《2016 年城市建设统计年鉴》，同期全国城市污水处理率达 93.44%，生活垃圾处理率达 98.45%，远高于农村地区。二是农村饮用水水源地安全缺乏保障。2016 年，中国环境监测总站对全国 31 个省份和新疆生产建设兵团 2 053 个村庄的 2 210 个饮用水水源地水质状况进行监测，结果显示农村饮用水水源地水质达标率为 79.3%，与城市饮用水水源地水质达标率（90%以上）和《水污染防治行动计划》中要求的饮用水卫生合格率（90%以上）有较大差距。

（二）农业粗放式发展带来面源污染积重难返

农业面源占比大的根本原因在于农业生产方式粗放，农业投入品利用效率低，未利用部分最终形成污染。

农业生产的“小、散、乱、污”特征明显。据最新的《中国畜牧兽医年鉴》，全国主要畜禽规模化养殖比例为生猪 42%、奶牛 51%、肉牛 28%、蛋鸡 36%、肉鸡 45%，除奶牛外，生猪、肉牛、蛋鸡、肉鸡总体仍以分散式养殖为主。与规模化养殖相比，分散式养殖存在设施不健全、管理粗放、污染分散等突出特点，是产生和排放污染物的“大户”。种植业则普遍存在化肥和农药过渡施用问题。2016 年，全国平均施肥强度为 443.5 kg/hm^2，是国际施肥上限（225 kg/hm^2）的 1.97 倍；平均施药强度为 12.9 kg/hm^2，是国际限值的 1.84 倍。2017 年我国化肥、农药利用率仅为 37.8%、38.8%，比欧美发达国家低 15～30 个百分点。

相比农村生活污染源，农业面源产生量更大、源头更多、治理更加困难，对生态环

境的破坏也更为严重。不改变农业生产方式，从源头加强农业环境管理，就不可能真正解决农业面源污染问题，全国范围的环境质量改善也不可能真正实现。

（三）农村社会结构变化增加环境管理难度

一是不同区域及农民个体收入差距增加了农村生态环境管理的复杂性。农村地区由于市场机制不完善、公共财政供给不足，集体经济能力和农民个人经济能力在解决环保等社会问题方面发挥重要作用，区域间收入差距使得不同地区开展环保工作的能力相差较大。实践中，东部沿海经济发达地区的农村生态环境管理工作远远走在中西部经济相对落后地区之前。这让实施全国统一的农村生态环境管理几乎成为不可能。

二是人口流动造成的村庄空心化增加了农业和农村污染治理的艰巨性。许多村庄青壮年男性劳动力外出打工，幼儿、妇女、老人留守农村，外出打工人员只在春节等重要节日短期回乡。一方面，劳动力减少使得污染治理设施的运营维护更加困难，同时由于人口周期性变化大，造成生活污染源稳定性差，增加了治理设施的运行难度。另一方面，由于家庭收入主要依靠外出打工，农业不再是主要收入来源，农民提升农业规模化、标准化水平的积极性差，为实现农业绿色转型、从根本上解决农业面源污染问题增加了难度。

三是农村社会经济结构变化带来的传统文化流失削弱了农村开展自我环境管理的能力。农村地区的社会结构变化对遵守礼法、尊敬老人等传统美德的冲击不可小觑，使得农村传统的社会治理手段失灵，为农村生态环境管理的能力带来新的挑战。

（四）农村生态环境管理责任仍未充分落实

目前，基层政府是开展农村环保工作的主要力量，但各级政府部门关于农村环保工作协调推动不足，各部门职能和相关人员责任未得到有效落实。主要表现在部门间尚未形成顺畅的协同工作机制，基层政府农村环保意识缺失。

造成各级政府、各个部门未充分落实环保责任的原因十分复杂。一方面，在顶层设计上，政府与农民之间、各级政府之间、同级政府的不同部门之间均存在责任分工不清晰的问题；另一方面，人力、财力和技术支撑严重不足也加大了各级政府履职的难度。在今后相当长一段时间内，以政府为主导的治理模式仍将是我国开展农村生态环境管理工作的主要方式，需要尽快明确政府职责、调动各级政府积极性、提升对基层政府的支持力度。

（五）适应农村社会经济特点的生态环境监管机制亟待建立

我国现行环境监管体系主要是在应对工业污染和城市生活型污染过程中建立起来

的，监督指导农业农村污染治理、特别是在中西部和偏远地区存在以下不适应：一是农业农村污染源量大面广，如果直接复制台账式的工业源监管方法，将面临海量的人力投入和漫长的工作周期，恐难适应当前农业农村污染源急迫的管理需求。二是农业农村污染源受地域及自然条件等因素影响较大，针对工业源的标准化治理模式及统一的监管要求不适用于农业农村污染源。三是农业农村污染源治理的责任主体不明确，不能简单套用“谁污染，谁治理”的原则。

生态环境部负有开展生态环保工作顶层设计和统一监管的职责，当行业主管部门和各级政府真正开始履行农村环境治理职责后，监管将成为生态环境部门的主要工作。生态环境部门需尽早谋划、及时布局，尽快建立一套适应农村特点的可量化、可考核的监管机制。

（六）便捷有效的农业农村污染治理模式严重欠缺

污染治理模式是包含管理思路、治理技术等关键要素的结构化、可操作的实施方法，是指导解决污染问题的具体方案和路线图。在农业农村污染治理工作中，由于资金有限、技术人员短缺，不能简单照搬城市生活污染治理模式和工业污染治理模式，需要探索投入低、运维简单、便捷有效的治理模式。目前我国农业农村污染治理工作多处于试点探索阶段，尚未形成成熟的可推广的治理模式。

以目前推广采用的“村收集、镇转运、县处理”的农村生活垃圾收集处置模式为例，就存在诸多问题。一是农村生活垃圾“进城”加剧城镇生活垃圾处理处置设施供需矛盾，也易引发社会风险。二是现行模式运行成本高，难以持续良性运转。大量农村垃圾进城集中处理，经济欠发达的县区财政难以承受。三是部分地区采取非规范化填埋和焚烧处理垃圾，环境隐患凸显。

不当的治理模式带来大量资金和人员投入，不仅难以解决农业农村污染问题，反而会造成设施闲置甚至污染加重的问题。

（七）农村环境保护技术帮扶和宣传教育任重道远

农民作为农村环境污染主体和治理受益主体有参与环境治理、合理分摊治理成本的义务。帮助农民提升承担农村环保工作的意识和能力，是开展农村环境保护技术帮扶和宣传教育工作的主要职责。目前农村还普遍存在农民环保权利义务观念淡薄、技术帮扶严重不足等问题。很多经济较为发达的地区面临农民想参与环保却不知道如何做的尴尬局面。

三、农村生态环境管理对策建议

（一）充分认识农村生态环境管理工作的战略定位

一是充分认识农村生态环境管理是乡村振兴战略的重要组成和抓手。一方面，开展农村生态环境管理是解决农村生态环境问题、改善农村人居环境、建设美丽宜居乡村的必然要求。另一方面，加强农村生态环境管理有助于在农村地区建立生态化的农业经济体系和产业化的生态经济体系，实现“产业兴旺”，有助于实现乡村全面振兴。

二是充分认识农村生态环境管理是生态环境保护新的关键领域。农村生态环境管理已经成为我国生态环境保护的突出短板，也是全面提升整体生态环境质量的重要领域。从污染控制角度看，必须做好减法降低农业源污染物排放量；从生态保护角度看，农村地区兼有山水林田湖草多个生态系统，具有消纳污染物和保护生态环境敏感区的屏障作用，有条件做好加法扩大农村地区甚至全区域的生态环境容量。

三是充分认识农村生态环境是生态文明建设的显著标志。小康不小康，关键看老乡。无论是从地域空间、生态系统类型，还是从人口规模、文化传统看，农村都是生态文明和美丽中国建设的主体和标志。农村地区生态环境问题得不到有效解决，美丽中国和小康社会目标的实现就无从谈起。

（二）明确农村生态环境管理工作的原则

一要坚持农村生态环境管理与乡村振兴同步谋划、同步实施、同步推进。农村生态环境管理是乡村振兴的重要内容，与农业高质量发展、文化繁荣兴盛、治理体系创新、民生保障以及脱贫攻坚等其他乡村振兴工作密不可分。要树立一盘棋的概念，将农村生态环境管理纳入乡村振兴战略的规划、政策和标准体系中，理顺农村生态环境管理与农业现代化、农民增收的关系，打破由城乡二元结构造成的农村环境管理“瓶颈”。

二要坚持山水林田湖系统治理、统筹规划。充分挖掘农村地区生态环境容量，发挥其消纳污染物和保护生态环境敏感区的屏障作用。合理规划布局农村生产、生活、生态空间，严格生态环境准入，强化生态环境监管。

三要坚持预防为主、综合利用。农业生产和农村社会经济的特点决定农村生态环境管理必须强化污染预防，一方面阻止不合理的生产开发活动，另一方面加强源头减量、过程控制、废弃物利用，提升农业发展水平，避免农业粗放式发展继续加重农村地区污染。

四要坚持因地制宜、循序渐进、协同发力。在管理要求上，兼顾各地社会经济水平和自然环境的差异，不搞“一刀切”；在工作重点上，要结合实际情况，合理、适度确定工作重点领域。在职责分工上，生态环境部门要与基层政府、行业主管部门通力合作，共同发力，保障农村生态环境管理工作落到实处。

（三）构建农村生态环境管理工作的对策体系

一是夯实各级政府和部门的农村环保责任。逐步完善法律法规，构建覆盖政府、企业、农民的农村环境保护责任体系。各级人民政府对所辖行政区域内的农村环境质量负责，承担指导教育农民在农业生产和生活过程中保护农业农村资源环境的主体责任，要为企业和农民承担污染治理责任提供更加全面和有效的保障政策。行业主管部门要在履行对本行业的管理职责时，承担本行业污染治理的指导责任。农业农村部、自然资源部等行业主管部门应负责指导各地开展农业污染治理、农村人居环境整治、生态红线保护等工作。同时，逐步在法律层面明确农民在农业生产中的环保责任，倒逼其自觉采用高效、低毒、绿色的农业生产方式，推动农业资源综合利用。

二是建立全面协调的农村生态环境管理政策体系。全面梳理现行法律法规中涉及农村生态环境管理的相关内容，在系统评估的基础上，调整存在冲突的条款，确保农村生态环境管理法律体系的内部一致性。同时，研究建立农村生态环境保护相关的专项法。发布农村生活污水治理、农村生活垃圾资源化利用等技术规范和专业化装备标准，制定农业面源污染防控技术指南、农田退水污染防治技术指南、农业面源污染监测预警技术规范等，具体指导农业农村污染防治和监管。鼓励各地开展有针对性的农业面源管理研究，以区域环境质量达标为底线制订地方标准。发挥市场在农村生态环境管理工作中的作用，扶持第三方服务体系，加快农村污染治理的专业化、规范化发展。强化财政补贴机制，加大政府在农村生态环境管理中的投入。有条件的地区逐步探索农村居民适当缴费、村集体事业捐助等多渠道筹措农村环境保护基础设施运行维护费用。

三是构建适应农村特点的环境监管体系。在监管要求上，要分类管理。规模化畜禽养殖与规模化种植业比照工业污染管理，由业主自行承担污染治理责任；农民小规模种植业、养殖业污染治理由地方政府指导农民开展。允许不同地区采用不同标准，对各类污染物宜用则用、宜治则治、宜排则排。在监管模式上，要因地制宜。对于农村生活污染源，以环境质量监管为主要量化考核办法，弱化对污染治理设施的监管，减轻监管工作量和工作难度；对化肥农药等量大面广的农业面源，以源头控制加抽样调查作为监管方式。同时建立村民自治环境管理组织，依托村民自治组织，加强自治章程、村规民约、居民公约的宣传教育，调动农民群众参与农村生态环境管理。在监管方法上，加强与公安、交通等涉农部门的沟通协作，建立农村可视化监管系统资源共享机制，采用卫星遥感、摄像探头、无人机拍摄等多种新技术新手段开展农村环境监管。同时，结合省以下生态环境部门垂改工作，推动编制资源向基层一线倾斜，解决农村环境监管的机构和人员问题。

四是探索便捷有效的农村环境治理模式。定期组织农村环境治理实用技术跟踪评估，发布各地农业农村污染防治实用技术及典型案例，并在此基础上总结经验模式。组织专家团队编写操作手册，形成规范化文件，用法规、规范和标准将先进经验模式固定下来。同时政府要为先进的治理模式提供保障机制，对好的治理模式加大资金支持，并调动市场因素，加快经验推广。

五是完善农村环境教育和帮扶体系。细化农村环境教育工作机制，充分依托农业基层技术服务队伍，提供农业污染治理技术咨询和指导，推广绿色生产方式。建立基层农村环保干部轮训制度，快速培养一批农村环境保护宣传员。结合农村环境综合整治、美丽乡村建设、生态文明创建、职业农民教育、环境友好型农产品产地创建等，在农村建设一批农村环境保护宣传教育基地，使农民能够亲身体验环境保护的成果。

破解我国农村生态环境管理中社会经济文化挑战的几点建议

（任勇　王亚男　陈颖）

【摘要】农村环境管理在很大程度上是“三农”问题，深刻地受到农村社会经济文化发展状况的影响。目前我国农村环境管理工作面临城乡二元结构、农业粗放式生产方式、农民收入偏低和农村社会结构深刻变化等多重挑战，这就要求我们必须将农村环境管理放在乡村振兴战略的大背景下审视，与农村经济、社会、文化和治理体系建设相融合，统筹谋划。在战略定位上，要明确农村生态环境管理是乡村振兴战略的重要组成和抓手，是生态环境保护新的关键领域，是生态文明建设的显著标志。在工作原则上，要坚持环境管理与乡村振兴同步谋划、同步部署、同步推进，坚持山水林田湖草系统治理、统筹规划，坚持预防为主、综合利用，坚持因地制宜、循序渐进、协同发力。

农村环境管理在很大程度上是“三农”问题，深刻地受到农村社会经济文化发展状况的影响。我国农村独特的社会经济文化背景，决定了我国农村生态环境管理工作与城市生态环境管理、工业污染治理必须有所不同。探索乡村振兴战略下的中国农村生态环境管理对策思路，明确战略定位、确立工作原则，是履行好生态环境部在农村生态环境管理工作中开展顶层设计、统一监测评估、统一监督执法、统一监察问责新职责的当务之急。

一、我国农村生态环境管理的社会经济特征和挑战

我国独有的城乡二元结构、长期形成的农业粗放式生产方式和近年来农村社会结构的深刻变化，决定了农村环境问题的复杂性和多样性，增加了农村生态环境管理的难度。

（一）城乡二元结构造成农村人居环境基础设施先天不足

我国城乡二元经济结构由来已久。在农村环境基础设施方面，集中表现为农村生活

污水、垃圾处理设施建设严重滞后。根据《第三次全国农业普查主要数据公报（第三号）》，2016 年年末，只有 73.9%的村生活垃圾得到集中处理或部分集中处理，17.4%的村生活污水得到集中处理或部分集中处理。根据住建部《2016 年城市建设统计年鉴》，截至 2016 年年末，全国城市污水处理率达 93.44%，生活垃圾处理率达 98.45%，远高于农村地区。在饮用水源方面，我国农村饮用水水源地底数不清，水源地保护范围划定和规范化整治等工作滞后，农村饮用水水源地安全缺乏保障。2016 年，中国环境监测总站对全国 31 个省（区、市）和新疆生产建设兵团的 2 053 个村庄中的 2 210 个饮用水水源地水质状况进行了监测，结果显示农村饮用水水源地水质达标率为 79.3%，与城市饮用水水源地水质达标率（90%以上）和《水污染防治行动计划》中要求的饮用水卫生合格率（90%以上）有较大差距。

城乡二元结构给我国农村生态环境管理带来巨大挑战：一方面，城乡二元结构造成农村地区基础设施不足；另一方面，城乡二元结构造成农民支付能力低、难以承担环境改善责任。这就使得我们难以直接套用城市环境管理办法和高度城镇化国家开展农村生态环境管理的经验。但是，也应该认识到，虽然目前城乡二元结构是造成农村地区人居环境不美的根本原因，但解决这一问题不能简单地等待城乡二元结构的消除。城镇化发展是一个漫长而复杂的过程，在这一进程中，我们必须找到一条具有中国特色的农村生态环境管理道路，尽快提升广大农民的生态环境幸福感和获得感。

（二）农业粗放式发展带来面源污染积重难返

根据 2015 年《环境统计年报》，全国废水中化学需氧量排放量 2 223.5 万 t，农业源化学需氧量排放量 1 068.6 万 t，占总排放量的 48.1%；全国废水中氨氮排放量 229.9 万 t，农业源氨氮排放量 72.6 万 t，占总排放量的 31.6%。农业面源污染基本占到了全国废水污染物总排放量的“半壁江山”。农业面源占比大的根本原因在于农业生产方式粗放，化肥农药等农业投入品利用效率低，未利用部分最终形成污染。

禽畜养殖污染是农业面源污染最主要的来源。2015 年畜禽养殖业排放化学需氧量 1 015.5 万 t，占农业面源的 95%；排放氨氮 55.2 万 t，占农业面源的 76%。据最新的《中国畜牧兽医年鉴》，按照生猪年出栏 500 头、奶牛存栏 50 头、肉牛出栏 50 头、蛋鸡存栏 1 万只和肉鸡出栏 5 万只为规模化养殖标准统计，全国主要畜禽规模化养殖比例为生猪 42%、奶牛 51%、肉牛 28%、蛋鸡 36%、肉鸡 45%。除奶牛外，目前生猪、肉牛、蛋鸡、肉鸡总体仍以分散式养殖为主。与规模化养殖相比，分散式养殖存在着设施不健全、管理粗放、污染分散等突出特点，是产生和排放污染物的“大户”。

水产养殖业是农业面源的另一主要来源。淡水养殖空间分布过于集中，发展方式粗放，导致重点流域部分控制单元超标。我国淡水养殖 80%以上的产量集中在长江流域、珠江流域，约 40%的养殖面积位于湖北（11.3%）、安徽（9.5%）、江苏（9.2%）、湖南（7.7%）4 个省份。一些地方水产养殖采用网箱养殖、肥水养殖等粗放养殖方式，加之投入品管理不规范、缺少养殖尾水排放标准等，导致大量氮、磷进入水体造成水体污染和生态破坏。

种植业面源污染主要来源于化肥和农药的过度施用。2016 年，全国平均施肥强度为 443.5 kg/hm^2，是国际施肥上限的 1.97 倍；平均施药强度 12.9 kg/hm^2，是国际上限的 1.84 倍。2017 年我国化肥、农药利用率仅为 37.8%、38.8%，比欧美发达国家低 15～30 个百分点。我国每年约有 67 万 t 农药和 2 262 万 t 化肥因不能被利用而进入环境，造成面源污染。

相比农村生活污染源，农业面源产生量更大、源头更多、治理更加困难，对生态环境的破坏也更为严重。长期以来，我国农业以提高农产品数量、养活更多人口为目标，近年来才将环境保护纳入工作范畴，农业生产的"小、散、乱、污"特征明显。不改变农业生产方式、从源头加强农业环境管理，就不可能真正解决农业面源污染问题，全国范围的环境质量改善也不可能真正实现。

（三）农村社会结构变化增加环境管理难度

当代农村正经历着深刻的社会结构变化，这些变化在一定程度上加大了农村生态环境管理的难度。

首先，不同区域及农民个体收入差距扩大增加了农村生态环境管理的复杂性。随着农村地区第二产业和第三产业在经济结构中的占比不断上升，逐渐降低了农业在农村社会中的经济地位，也拉大了不同区域农村的收入差距。即使在同一地区，由于外出打工、建立私营企业等因素，也会出现农民个体间收入差距较大的情况。农村地区由于市场机制不完善、公共财政供给不足，集体经济能力和农民个人经济能力在解决环保等社会问题方面发挥重要作用，因此不同地区开展环保工作的能力相差较大。实践中，东部沿海经济发达地区的农村环保工作远远走在中西部经济相对落后地区之前。这让实施全国统一的农村生态环境管理几乎成为不可能。

其次，人口流动造成的村庄空心化增加了农业和农村污染治理的艰巨性。村庄人口流失在许多地方成为常态，青壮年男性劳动力和有文化的人外出打工，幼儿、妇女、老人留守农村，外出打工人员只在春节等重要节日短期回乡。这种新的农村人口结构和周期变化加大了农村人居环境治理难度。一方面，劳动力减少使得污染治理设施的运营维护更加困难，同时由于人口周期性变化较大，造成生活污染源稳定性差，增加了治理设施的运行难度。另一方面，由于家庭收入主要依靠外出打工，农业不再是主要收入来源，农民提升农业规模化、标准化水平的积极性差，为实现农业绿色转型、从根本上解决农业面源污染问题增加了难度。

最后，农村社会经济结构变化带来的传统文化流失削弱了农村开展自我环境管理的能力。农村深刻的社会变革首先改变了农村传统的生产生活方式，而相关基础设施并未随之建设，带来许多新的污染问题。如农村厕所逐步向卫生实用方向改进，但传统的粪尿收集和综合利用则被抛弃，加大了农村污水治理的难度；再如农村传统的利用荷叶、苇叶等植物作为包装用品逐渐被经济耐用的塑料包装品代替，加大了生活垃圾的产生量和处理难度。农村地区的社会结构变化对遵守礼法、尊敬老人等传统美德的冲击不可小觑，使得农村传统的社会治理方式失灵，为农村生态环境管理的能力带来新的挑战。农村传统社会关系是基于血缘关系和地缘关系建立起来的，人们重视宗族，重视邻里，重视舆论，依靠乡规民约和德高望重的老人可以有效实现村庄自我管理。但随着农村社会结构变化，家庭内部和邻里之间社会经济关系减少，人际关系陌生化，传统的村庄治理体系难以在环境管理中发挥作用。

农村社会结构变化是现代化进程中的必然结果，既对农村生态环境管理工作提出了挑战，也为建立现代化的农村人居环境和提升农业生产效率提供了契机。我们需要利用好变化中的有利因素，积极作为，开展工作。

二、充分认识农村生态环境管理工作的战略定位

充分认识农村生态环境管理工作的战略定位，是开展农村生态环境管理工作的前提和基础。打造美丽乡村是习近平生态文明思想的重要内容，开展农业农村污染治理是打好脱贫和污染防治攻坚战的重要任务。要将农村生态环境管理放在乡村振兴战略的大背景下全面审视，与农村经济、社会、文化和治理体系建设相融合，统筹谋划。

（一）农村生态环境管理是乡村振兴战略的重要组成和抓手

党的十九大提出实施乡村振兴战略，指出要坚持农业农村优先发展，按照产业兴旺、生态宜居、乡风文明、治理有效、生活富裕的总要求，建立健全城乡融合发展的体制机制和政策体系，加快推进农业农村现代化。一方面，开展农村生态环境管理是解决农村生态环境问题、改善农村人居环境、建设美丽宜居乡村的必然要求。另一方面，加强农村生态环境管理有助于在农村地区建立生态化的农业经济体系和产业化的生态经济体系，实现“产业兴旺”。农村空心化、老龄化既深刻影响了农村社会经济结构，也为土地流转、农业规模化发展提供了契机。在农业处于转型发展的关键时期，适时开展农村生态环境管理，通过控制种植业和养殖业污染、提升农业发展规模和水平，可以促进农业绿色转型，帮助建立生态化的农业经济体系。加强农村生态环境管理还有助于实现乡村全面振兴：一是可以发展休闲、养生、旅游等生态产业，让绿水青山变为金山银山；二是可以改善农村生态环境，吸引更多的人才、技术和资金参与农村经济发展；三是有助

于挖掘乡村社会多种功能和价值，为实现乡村全面振兴提供内生动力。

（二）农村生态环境管理是生态环境保护新的关键领域

从污染防治角度看，随着工业源污染逐步得到有效控制，农业源污染占比明显提升，在一些重点流域，农业源污染成为重点控制单元水质恶化的主要原因。一方面，必须做好减法，降低农业源污染物排放量；另一方面，农村地区兼有山水林田湖草多个生态系统，具有消纳污染物和保护生态环境敏感区的屏障作用，有条件做好加法，扩大农村地区甚至全区域的生态环境容量。农村生态环境管理已经成为我国生态环境保护的突出短板，同时也蕴藏着提升生态环境质量的潜在机遇，正逐渐成为生态环境保护新的关键领域。

（三）农村生态环境管理是生态文明建设的显著标志

小康不小康，关键看老乡。无论是从地域空间、生态系统类型，还是从人口规模、文化传统看，农村都是生态文明和美丽中国建设的主体和标志。农村地区生态环境问题得不到有效解决，美丽中国和小康社会目标的实现就无从谈起。农村生态环境管理是缩短城乡差距、将改革成果与农民共惠共享的重要体现，是调动广大农民参与建设美好家园的有效途径，将显著提升农民的幸福感和获得感。农村具有优良的生态环境和利用可再生能源的天然优势，勤劳、节俭、自然、淳朴的乡土文化又为低碳绿色生活提供了深厚的文化积淀，具有生态文明建设的后发优势，更容易促进现代文明与自然生态充分融合，探索经济成本更低、资源环境代价更小、幸福感更高的生态文明建设模式，实现人与自然的和谐共生，形成生态文明建设的标志性成果，为我国的生态文明建设提供更广阔的发展空间。

三、明确农村生态环境管理工作原则

我国现行的生态环境管理体系是在应对工业污染、城市污染过程中建立起来的，对于监督指导农村生态环境管理存在明显不适应：一是农业源较为分散，针对工业源的台账式管理难以完全复制到量大面广的农业源监管工作中；二是农业源受地域及自然条件等因素影响较大，针对工业源的标准化治理模式及统一的监管要求不适用于农业源；三是农业源治理的责任主体不明确，不能简单套用工业源治理中“谁污染，谁治理”的基本原则。因此，开展农村生态环境管理工作不能完全照搬工业污染治理和城市环境治理的经验，需要走出一条适合农村特点的有效途径。加强农村生态环境管理，要在习近平生态文明思想的指导下，遵循农村社会经济发展和环境保护规律，发挥主观能动性和创造力，形成有中国特色的农村生态环境管理工作体系。

（一）坚持环境管理与乡村振兴同步谋划、同步部署、同步推进

农村生态环境管理是乡村振兴的重要内容，与农业高质量发展、文化繁荣兴盛、治理体系创新、民生保障以及脱贫攻坚等其他乡村振兴工作密不可分。要树立一盘棋的概念，将农村生态环境管理纳入乡村振兴战略的规划、政策和标准体系中，采取标本兼治的措施手段，将解决农业农村突出环境问题放在推动乡村产业兴旺、乡风文明、治理有效、生活富裕的过程中，同步谋划、同步部署、同步推进，一体发力，理顺农村生态环境管理与农业现代化、农民增收的关系，打破由城乡二元结构造成的农村地区基础设施不足的环境管理“瓶颈”，确保农村生态环境管理工作的质量和效率。

（二）坚持山水林田湖草系统治理、统筹规划

遵循山水林田湖草是一个生命共同体的新理念，按照生态系统的整体性、系统性及其内在规律，将农业农村生态环境作为自然生态系统的组成要素，纳入生态环境保护工作整体统筹推进。充分挖掘农村地区生态环境容量，发挥其消纳污染物和保护生态环境敏感区的屏障作用。合理规划布局农村生产、生活、生态空间，严守生态保护红线，通过严格生态环境准入、强化环境监督管理，推动与生态功能相适应、与环境质量改善目标相一致的生产活动，提升农村生态环境管理的针对性和有效性。

（三）坚持预防为主、综合利用

农业生产和农村社会经济的特点决定了农业农村污染治理不能仿效工业污染末端治理的老办法，同时，农村具有废弃物就地消纳的自然条件。因此，在农村生态环境治理思路上，一方面要采取空间管控和环境准入，强化污染预防，阻止不合理的生产开发活动；另一方面要加强源头减量、过程控制、废弃物利用，提升农业发展水平，避免农业粗放式发展继续加重农村地区污染，加强农村生态环境管理的可操作性。在农村生活垃圾治理上，大力推进“户分类、村收集、就地就近资源化利用”与“户分类、村收集、乡转运、县处理”相结合的农村生活垃圾治理新模式，减轻垃圾末端治理压力。在畜禽粪污治理上，坚持种养结合，以农用有机肥和农村能源为主要利用方向，鼓励畜禽粪污生产沼气和生物天然气。

（四）坚持因地制宜、循序渐进、协同发力

在监管要求上，要因地制宜。我国幅员辽阔，各地社会经济水平和自然环境的明显差异决定了农村生态环境管理不能搞“一刀切”，必须因地制宜开展工作，给地方政府充

分探索和创新的空间。允许不同地区采用不同标准：对于经济发展水平一般的中西部地区和条件较差的贫困落后地区，优先解决农民群众最关心最直接的突出环境问题，对于经济发展和居民环保意识较高的东部地区、城市近郊区等，要提升农村绿色发展水平，推出“创新版”“加强版”的改革措施和要求。在工作重点上，要循序渐进。开展农村生态环境管理不能盲目超越社会、经济发展阶段，要结合实际情况，合理、适度确定工作重点领域和工作进程。以人居环境改善作为农村环保工作的首要领域，从关注生活污染逐步过渡到同步关注农村生活和农业生产污染。在职责分工上，要协同发力。农村的环境管理较城市环境管理具有更加复杂的特点，需要协调更多利益相关部门。生态环境部门要与基层政府、行业主管部门通力合作，共同发力，保障农村生态环境管理工作落到实处。

我国农业农村污染治理与监管体系存在的主要问题及对策建议

（贾小梅　王亚男　董旭辉）

【摘要】总体上，我国农村环保工作起步晚、基础差、保障不足，主要表现为政策标准体系尚需完善、农业农村污染治理责任仍未充分落实、适应农村社会经济特点的环境监管机制亟待建立、便捷有效的农业农村污染治理模式严重欠缺以及农村环境保护技术帮扶和宣传教育任重道远。针对这些问题，结合国内外实践经验，本文提出了相应的对策建议，一是要建立全面协调的农村生态环境管理政策体系；二是要夯实各级政府和部门的农村环保责任；三是要构建适应农村特点的环境监管体系；四是要探索便捷有效的农村环境治理模式；五是要完善农村环境教育和帮扶体系。

2018 年 4 月，习近平总书记在中央财经委员会第一次会议上指出，要打几场包括农业农村污染治理攻坚战在内的标志性重大战役，并确保 3 年时间明显见效。我国农村环保工作起步晚、基础差、保障不足，亟须系统总结、补齐短板，为农业农村污染治理攻坚战顺利实施夯实基础。

一、农业农村污染治理现状

近 10 年来，各级政府在农业农村污染治理等方面开展了大量工作，取得了一定成效。

（一）农村人居环境治理初见成效

2008—2017 年，中央财政累计安排农村环保专项资金（农村环境综合整治资金）435 亿元，支持各地开展农村环境综合整治。截至 2017 年年底，全国已有 13.8 万个村庄完成环境综合整治，近 2 亿农村人口直接受益。各地已建成生活污水治理设施 30 多万套，生活垃圾收集、转运、处理设施 900 多万个（辆）。同时，全国尚有近 80%村庄的生活污水没有得到治理，近 50%的村庄没有实施改厕；以简单收集为标准，仍有 26.1%的村庄生活垃圾没有得到治理；已经完成整治的村庄的环保设施长效运行维护仍然困难重重。

（二）农业面源污染治理尚处于起步阶段

已开展的农业面源治理工作十分有限：一是督促指导各地划定畜禽养殖禁养区，推进畜禽养殖废弃物资源化利用。截至 2017 年年底，各地已完成畜禽养殖禁养区划定工作，全国畜禽养殖废弃物综合利用率达到 64%。二是组织开展农药使用量零增长行动。截至 2016 年年底，粮食、蔬菜、果树、茶叶等主要作物绿色防控技术应用面积超过 5 亿亩，绿色防控覆盖率达到 25.2%。三是指导有条件的地区科学合理施用化肥。截至 2016 年年底，测土配方施肥项目基本覆盖到全国所有县级农业行政区，技术推广面积达 16 亿亩。根据历年环境统计年报，农业源总氮、总磷的排放基本保持稳定，未出现大幅增长。但由于我国农业面源污染物排放总量基数大，降低农业面源污染物总量的任务仍然艰巨。

（三）农村环境保护宣传教育开始得到关注

各部委陆续出台多份文件要求加强农村环保宣传教育，利用新媒体宣传环保理念、吸引社会公众积极参与环境保护的态势初步形成。原环境保护部自 2011 年起，启动农村环保科普微电影拍摄工作，以农民群众喜闻乐见的喜剧电影形式为依托，宣传国家环保政策和环境保护知识。2017 年，我国首部农村环保题材电影《绿水青山我的家》在湖南长沙开拍。

二、农业农村污染监管体系存在的主要问题

改革开放以来，从生态环境质量状况和生态环境保护的战略安排与实践措施看，总体上我国生态环境保护进程滞后于经济发展进程，农村环境保护又滞后于整个生态环境保护工作进程，成为制约环节。就农业农村污染监管体系而言，尚未解决政策标准、职责分工、监管机制、治理模式和技术帮扶等关键问题。

（一）政策标准体系尚需完善

近 20 年来，我国农业农村污染监管在法律法规、政策、标准规范、规划、宣传教育等方面不断出台新制度、新文件，但仍不能满足管理需求，尚需不断完善。

在法律法规方面，一是关于农村环境保护的各项要求分散于多项法律法规中，缺少系统设计，尚无一部专门的农村环境保护法律统筹规范农村环保工作的责任分工和协调实施。二是关于农村环境保护的法律责任界定不清晰，甚至相关法律的规定不完全一致，执行力差。现行法规一方面强调了地方政府对农村环境保护的责任，另一方面弱化了农

业生产经营者的污染直接责任和治理的法律责任，对其通常只提出原则性要求而缺少罚则（仅在《中华人民共和国环境保护税法》中通过对规模养殖征税真正落实了污染者责任），不利于农业农村污染治理责任落实。

在政策和规划方面，一是国家层面的政策、规划多，而基层政府出台的相关实施办法和方案不足。针对农村环保政策和规划，各省级及以下政府通常为直接转发国家文件，较少制订有本地域特点的相应政策和规划，缺少对国家政策和规划的细化和解读，极大影响了政策和规划的落地和实施效果。二是政策、规划理论指导多，实践指导不足。国家出台的政策多以目标要求和指导原则为主，只提出了“做什么”和“做到什么程度”，没有给出“如何做”的方法，缺少对各地具体开展工作的指导，使得各项要求在操作层面的分解严重不足。

在环境标准方面，一是农村环境标准少，进一步加剧了农村环保政策在操作层面指导不足的矛盾。截至 2017 年年底，国家现行环保标准共 1 833 项，其中涉及农村环境保护的标准仅 20 余项，占比不足 1.6%。二是标准制订存在大量空白区。在水环境标准方面，缺乏农村生活污水排放标准等；在大气污染防治方面，没有农药喷洒对大气的影响、沼气设施气体排放控制标准等；在土壤污染防治方面，缺乏农药化肥污染控制标准；在固体废物管理方面，缺乏适用于农村地区的生活垃圾处理处置标准、农膜残留回收利用标准等。三是部分标准标龄过长。如现行的《渔业水质标准》（GB 11601—89）已实施 29 年，不能适应当前的农业生产需要和环境管理要求，在控制项目、标准设定、监测方法上都需要及时更新。四是标准适用范围存在“一刀切”现象。

（二）农业农村污染治理责任仍未充分落实

我国农村环保的治理模式属于政府主导型，基层政府是开展农村环保工作的主要力量，但各级政府部门对于农村环保工作协调推动不足，各部门职能和相关人员责任未得到有效落实。

一是各部门尚未形成顺畅的协同工作机制。农业农村环境治理的政策分散在原环境保护部、住建部、原农业部等多个部门，职责不清，相互之间配合也不顺畅。改革后的国务院各部门新的分工还需要时间逐级推进，目前尚未形成顺畅的部门合作机制。二是基层政府农村环保意识缺失。由于各种原因，部分地区农村重经济发展、轻环境保护的发展观尚未扭转，没有将农村环保纳入重点工作范畴，严重阻碍农村环保工作开展。很多地方过度依赖中央政府投资，地方财政对农村环保工作支持甚少。三是基层环保力量薄弱。农业农村环境管理主要由乡镇一级具体承担，但乡镇环保办尚不具备监测和监察执法的能力。同时，地方环保部门在履行监管职责时，追责环节频现责任部门轻松脱责、环保部门反而成为政府追责对象的情况，严重影响农村环境监管人员履职积极性。

（三）适应农村社会经济特点的环境监管机制亟待建立

生态环境部负有开展生态环保工作顶层设计和统一监管的职责，当行业主管部门和各级政府真正开始履行农村环境治理职责后，监管将成为生态环境部门的主要工作。我国现行环境监管体系主要是在应对工业污染和城市生活型污染过程中建立起来的，监督指导农业农村污染治理存在以下不适应：

一是工业源分布集中而农业农村污染源较为分散，针对工业源的台账式管理难以完全复制到农业农村污染监管工作中。环评、排污许可证等工业污染源监管制度，都是以污染源清单为管理基础，优点是管理的精确度高、针对性强，缺点是需耗用大量人力、物力，台账建立过程复杂且艰难。农业农村污染源量大面广，如果直接复制台账式的工业源监管方法，将面临海量的人力投入和漫长的工作周期，恐难适应当前农业农村污染源急迫的管理需求。

二是农业农村污染源受地域及自然条件等因素影响较大，针对工业源的标准化治理模式及统一的监管要求不适用于农业农村污染源。农业农村污染源受地域等自然因素影响较大，不同畜禽粪便中的污染物种类及废水中有机物浓度不同，加之受降水量影响，不同地区废水排放特征也不尽相同，使得对于面源的治理很难提出标准化的措施，进而难以开展标准化的监管，以点源为基础发展起来的污染源取样分析等监督性监测技术体系也难以确定。

三是我国农民群体的特殊性增加了农业农村污染监管的难度，不能简单套用同畜禽粪便中的污染物，需要充分考虑这些特征对监管机制进行设计和完善。由于我国农村人口多，人均耕地少，同时，农民居住分散，使得农村环境监管对象量大、分散的特征显著，导致农村环境监管单位成本高、环境效益低。此外，农民通过农业生产获取的经济收入低（2017 年我国农村居民人均可支配收入仅为 13 432 元），这就使得农民缺乏承担环境违法罚款的能力。农民的上述特征导致农村环境监管对象虚化，难以按照现行的工业污染防治的监管方式开展监管。

目前，针对农业生产过程中农药、化肥、农膜等农业投入品的环境监管尚未开展，农村生活污水、生活垃圾的环境监管尚未形成常态，规模化畜禽养殖污染防治“平移”工业企业监管方式进行统一监管，分散化畜禽养殖污染防治工作主要依靠公众环保投诉进行“一对一”管理，对农业生产废弃物中的秸秆禁烧的环境监管，主要依靠行政手段，通过人海战术进行监管。生态环境部需尽早谋划、及时布局，尽快建立一套适应农村特点的可量化、可考核的监管机制。

（四）便捷有效的农业农村污染治理模式严重欠缺

污染治理模式是包含管理思路、治理技术等关键要素的结构化、可操作的实施方法，是指导解决污染问题的具体方案和路线图。在农业农村污染治理工作中，由于资金有限、技术人员短缺，不能简单照搬城市生活污染治理模式和工业污染治理模式，需要探索投入低、运维简单、便捷有效的治理模式。目前我国农业农村污染治理工作多处于试点探索阶段，尚未形成成熟的可推广的治理模式。

例如，即便是目前推广采用的“村收集、镇转运、县处理”的农村生活垃圾收集处置模式，也存在诸多问题。

一是农村生活垃圾“进城”加剧了城镇生活垃圾处理处置设施供需矛盾，极易引发社会风险。按现行模式，分散在广大农村地区的生活垃圾被集中转运至城镇进行无害化处理，对城镇生活垃圾末端处理设施造成巨大压力，各地不得不新建大量垃圾焚烧和填埋处理设施。近年来多地发生的因反对生活垃圾填埋场和焚烧厂建设的群体性事件，对社会稳定造成影响。仅 2018 年以来，全国就有 17 起由垃圾焚烧电厂引发的群体性事件或重大舆情风险。

二是现行模式运行成本高，难以持续良性运转。大量农村垃圾进城集中处理，运营成本高，经济欠发达的县区财政难以承受。由于经费无保障，保洁人员工作积极性不高，清运效果差；有些已建成的垃圾填埋场和焚烧厂不能正常运转，设施空置造成了极大的浪费。

三是部分地区采取非规范化填埋和焚烧处理垃圾，环境隐患凸显。一些地区将收集后的生活垃圾在村头、废弃矿坑等简单填埋，缺乏防渗措施，容易造成地下水和土壤污染。一些地区采用小型垃圾碳化热解设施就地焚烧可燃垃圾，这些设施尚未纳入环境监管范围，选址没有进行论证，废气经简易除尘后排放，二噁英等有毒有害气体污染缺乏防控。这些不规范的就地填埋或焚烧措施，只是将生活垃圾由分散面源变成集中点源，没有从根本上解决农村生活垃圾污染问题。

（五）农村环境保护技术帮扶和宣传教育任重道远

农民作为农村环境污染主体和治理受益主体有参与环境治理、合理分摊治理成本的义务。帮助农民建立起承担农村环保工作的意识和能力，是开展农村环境保护技术帮扶和宣传教育工作的主要职责。随着农村环保宣传教育深度和广度逐步加大，全民参与农村环保的态势正逐步建立，但农村环境保护宣传教育还普遍存在以下几点问题：

一是农民环保权利义务观念淡薄，宣传教育在短时间内难以奏效。受传统小农经济思想影响，若无直接经济利益激励，农民对履行农村环境治理主体的义务难有自知。此外由于长期信息不对称和专业知识的缺乏，农民对表达环保诉求、监督举报农村环境污染行为的权利认知程度不足，存在置身事外的心理。

二是环境保护宣传培训向农村层面延伸不够。大部分乡镇缺乏专业的环保机构和人才队伍，直接面向基层农民的环保宣传培训未全面普及。

三是农村环保宣传教育体系尚不健全。农村环保宣传教育在机构设置、人才培训和监督考核等方面组织形式和开展方式未明确。

四是针对农民开展环保工作的技术帮扶严重不足。目前已开展的农村环保教育多以提升理念为主，缺少操作层面的具体指导和技术帮扶。农民不具备在农业生产中实现绿色发展、农药化肥提质增效、减少排放等方面的操作技能，对在村居生活中如何开展生活垃圾的就地资源化、生活污水的有效利用也缺少专业指导。

三、加强农业农村污染监管的对策建议

（一）建立全面协调的农村生态环境管理政策体系

一是完善农村生态环境管理法律法规。全面梳理现行法律法规中涉及农村生态环境管理的相关内容，在系统评估的基础上，调整存在冲突的条款，确保农村生态环境管理法律体系的内部一致性。同时，研究建立农村生态环境保护相关的专项法，增强系统性和针对性。二是健全农村生态环境管理规范。对于普适性较强的农村生活污水治理、农村生活垃圾资源化利用等技术设备和装备，发布技术规范和专业化装备标准，细化技术参数范围、设施质量要求、处理效果等指标，提高农村基础设施建设质量。制定农业面源污染防控技术指南、农田退水污染防治技术指南、农业面源污染监测预警技术规范等，指导农业面源污染防治和监管。三是完善农村生态环境管理标准。统筹考虑标准体系建立方法和农村生态环境管理特点，从规划、质量、监测、防治和管理各个方面，建立层次清晰的环境标准体系。鼓励各地开展有针对性的农业面源管理研究，以区域环境质量达标为底线，一地一策，不搞“一刀切”，不搞统一模式，力求实效，解决问题。

（二）夯实各级政府和部门的农村环保责任

构建覆盖政府、企业、农民的全民农村环境保护责任体系。一是各级人民政府对所辖行政区域内的农村环境质量负责，承担指导教育农民在农业生产和生活过程中保护农业农村资源环境的主体责任，为企业和农民承担污染治理责任提供更加全面和有效的保障政策；国家、省、市三级政府要强化对农村生态环保政策指导、技术服务、特别是资金支持职能，加快农村公共基础设施服务建设进程；县、乡、村三级政府和基层组织承

担农村生态环保的组织实施责任。二是按照管发展必须管环保、管生产必须管环保的要求，行业主管部门要在履行对本行业的管理职责时，承担本行业污染治理的指导责任。农业农村部、自然资源部等行业主管部门应负责指导各地开展农业污染治理、农村人居环境整治、生态红线保护等工作，包括编制规划、组织实施等。三是逐步在法律层面明确农民在农业生产中的环保责任，在提高农民保护农业农村资源环境意识的同时，加强其法律责任感，倒逼其自觉采用高效、低毒、绿色的农业生产方式，推动农业资源综合利用。

同时，还要建立科学合理的绩效考核体系，加强对农村生态环境管理成效的检查评估，并根据评估考核结果，建立奖惩机制，客观合理地引导各级政府的资金投入方向和力度。

（三）构建适应农村特点的环境监管体系

在监管要求上，要分类管理。以农村人居环境治理为优先领域，各地根据实际情况逐步开展农业污染治理工作。规模化畜禽养殖与规模化种植业比照工业污染管理，由业主自行承担污染治理责任，结合国家农业补贴政策，同时跟进生态补偿政策，对养殖业主和种植业主进行适当补贴，保护本土农业。农民小规模种植业、养殖业污染治理由地方政府指导农民开展。允许不同地区采用不同标准。对于经济发展水平一般的中西部地区和条件较差的贫困落后地区，优先解决农民群众最关心、最直接的突出环境问题，对各类污染物宜用则用、宜治则治、宜排则排。对于经济发展和居民环保意识较高的东部地区、城市近郊区等，要提升农村绿色发展水平，推出“创新版”“加强版”的改革措施和要求。

在监管模式上，要因地制宜。对于农村生活污染源，以环境质量监管为主要量化考核办法，弱化对污染治理设施的监管，减轻监管工作量和工作难度。对化肥农药等量大面广的农业面源，以源头控制加抽样调查为监管方式。同时建立村民自治环境管理组织，依托村民自治组织，加强自治章程、村规民约、居民公约的宣传教育，将环境保护内化为农民群众的道德情感，外化为保护村庄环境的自觉行动，充分调动农民群众参与农村生态环境管理的自觉性。

在监管方法上，借助基层网格化管理等现有能力，共享监控数据等基础资料，协同开展农村生态环境管理。加强与公安、交通等涉农部门的沟通协作，建立农村可视化监管系统资源共享机制，实现通过卫星遥感、摄像探头、无人机拍摄等多种新技术新手段，开展农村环境监管。结合第二次全国农业污染源普查和各部委已开展的调查统计工作，建立农业农村生态环境管理信息平台，统一管理养殖业、种植业生产和污染治理情况，以及农村生活垃圾污水治理设施建设、饮用水水源地保护设施建设等基本情况，指导基层环境监管工作。

（四）探索便捷有效的农村环境治理模式

鼓励行业主管部门、各级政府积极探索更加便捷有效的农村环境治理模式。一是需要总结提炼各地的先进经验，定期组织农村环境治理实用技术跟踪评估，发布各地农业农村污染防治实用技术及典型案例，并在此基础上总结经验模式。二是用法规、规范和标准将先进经验模式固定下来，组织专家团队编写操作手册，形成规范化文件，既强化政策引导，又科学指导经验推广。三是政府要为先进的治理模式制订保障机制，对好的治理模式一方面加大资金支持，另一方面调动市场因素，加快经验推广。

（五）完善农村环境教育和帮扶体系

一是细化农村环境教育工作机制，保障农村环境教育落到实处。充分依托农业基层技术服务队伍，提供农业污染治理技术咨询和指导，开展技术帮扶，引导农民保护自然环境，科学施用农药、化肥等农业投入品，合理处置畜禽粪污等农业废弃物。二是建立基层农村环保干部轮训制度，快速培养一批农村环境保护宣传员。三是构建多渠道、多形式的农村环境教育体系。在农村建设一批农村环境保护宣传教育基地，使农民能够亲身体验环境保护的成果。借助网络、微信等新媒体广泛宣传农村环境保护工作的成效，形成全社会共同关注农村环境保护的氛围。